속속들이 살펴보는 우리 땅 이야기

속속들이 살펴보는 우리 땅 이야기

초판 1쇄 발행 2013년 3월 18일
초판 2쇄 발행 2015년 2월 6일

집필진 이두현 · 서세원 · 강제구 · 홍혜진 · 정혜임 · 하혜란
감수진 전국사회과교과연구회

펴낸이 김선기
펴낸곳 (주)푸른길
출판등록 1996년 4월 12일 제16-1292호
주소 (152-847) 서울특별시 구로구 디지털로 33길 48 대륭포스트타워 7차 1008호
전화 02-523-2907, 6942-9570~2
팩스 02-523-2951
이메일 purungilbook@naver.com
홈페이지 www.purungil.co.kr

ISBN 978-89-6291-226-5 03980

*이 도서의 국립중앙도서관 출판시도서목록(CIP)은 서지정보유통지원시스템 홈페이지(http://seoji.nl.go.kr)와 국가자료공동목록시스템(http://www.nl.go.kr/kolisnet)에서 이용하실 수 있습니다.(CIP제어번호: CIP2013001226)

속속들이 살펴보는 우리 땅 이야기

이두현 · 서세원 · 강제구 · 홍혜진 · 정혜임 · 하혜란 지음

전국사회과교과연구회 감수

머리말

최근 우리나라를 일컬어 부르는 말이 있다. "동북아시아의 허브!", "세계의 중심 국가!"

이런 이야기를 들으면 나도 모르게 어깨가 으쓱해지곤 한다. 왜 그럴까? 그 이유는 북으로는 러시아, 남으로는 미국, 동으로는 일본, 서로는 중국, 지리적으로 세계 4대 열강의 한 가운데 위치하고 있기 때문이다. 이뿐만 아니라 우리나라는 지속적인 경제 성장을 통해 세계 10위권의 경제 규모를 자랑하고 있고, 항공, 항만 등의 교통이 발달하여 동북아의 허브 공항, 항만으로 이름을 높이고 있다. 많은 사람들은 세계화의 물결 속에서 세계의 여러 국가들이 서로 밀접한 관계를 맺으면서 하나의 지구촌 문화를 만들어 국가 간 장벽을 허물게 될 것이라고 생각했다. 그러나 지금 세계는 오히려 갈등이 커지고 국가 간 장벽이 높아지고 있다. 그중에서 가장 부각되고 있는 문제는 각국의 영역을 확고히 하면서 벌어지는 영토 분쟁이나 영해 분쟁 들이다. 이로 인해 현재는 전쟁까지 불사하려는 분위기가 조성되고 있으며 세계 각국의 군비도 더욱 증가하여 새로운 화약고가 만들어지고 있다.

이러한 상황에서 우리도 예외일 수는 없다. 세계 4강의 중심에 있다는 사실은 과거 역사를 되짚어 볼 때 우리가 어떻게 대처해야 할 것인가를 여실히 보여 준다. 넓은 영토와 많은 인구로 세계 경제 대국으로 부강하고 있는 중국과는 간도 지역 및 한중 중간 수역을 두고 갈등 중에 있다. 또한 일본은 끊임없이 독도에 대한 야욕을 버리지 못하고 분쟁 지역화하려고 다각적인 노력을 기울이고 있다. 냉전의 중심으로서 남북이 서로 대치하고 있는 한반도는 영토와 영해 분쟁의 중심이 될 수 있다. 과거 우리나라는 분쟁 지역화를 시키려는 국가들에 대항하여 조용한 외교로 문제를 해결하려고 했으나 오히려 문제가 더 커지는 결과를 낳았다. 소극적 대응이 갖고 있는 문제가 드러나면서 우리 국민들도 적극적으로 대처해야만 할 문제로 인식하게 되었고, 정부 차원을 넘어 국민들까지 자발적으로 참여하는 모습을 보이고 있다.

저자들은 이러한 상황에 처한 우리 국토에 오랫동안 관심을 가지고 연구하면서 우리 국토에 대해 제대로 알지 못하는 국민들이 너무나도 많다는 사실을 깨닫게 되었다. 우리 국토의 중요성에 대해서는 모든 교과목에서 가르치지만 제대로 된 국토 교육은 전혀 이루어지지 않았던 것이다. 따라서 우리의 국토를 청소년들뿐만 아니라 국민들에게 알리려는 생각으로 작은 부분이나마 적어 가기 시작하였다. 우리 국토는 어느 하나 빼놓을 수 없을 만큼 모두 중요하며 가치가 있다. 그중에서 소개할 대상을 몇 개만 선정하는 것은 너무 어려운 일이다. 그래서 일단 갈등의 가능성이 있는 세 지역을 선정하고 이들의 지리적 경관에 대해 다루기로 하였다.

이렇게 선정된 지역은 동쪽의 끝에 위치하여 일본의 야욕의 무대가 되어 버린 독도, 허구의 섬으로 알려져 있다가 최근 새로운 갈등 지역이 된 이어도, 우리 조상들이 오랫동안 살았으나 중국의 동화 정책으로 인해 민족성까지 상실해 가고 있는 간도 등이다.

최근 국토 문제가 이슈화되면서 이를 소재로 하여 여러 가지 사업들이 진행되고 있다. 정부 기관에서뿐만 아니라 학술 연구 기관 및 기업, NGO 단체 등에서도 적극적으로 다양한 사업들을 전개하고 있다. 이렇게 사회 주요 이슈로 부각된 국토 문제는 출판계에서도 불루칩으로 떠올라 최근 많은 도서들이 출판되고 있다. 무엇보다 지금까지 출판된 책들을 면밀히 검토하여 얻어진 결론은 국토를 다룬 책들이 너무 까다로워 다가가기에 어렵다는 점이다. 그래서 독자들이 우리 국토에 대해 흥미를 가지고 쉽게 다가갈 수 있도록 위해 쉬운 소재들을 찾고자 노력하였다. 무엇보다도 중점을 두었던 부분은 역사적이나 법률적 용어를 다룰 때 어려운 용어들이 많아 이를 최대한 쉽게 풀어 쓰는 것이었다.

이 책은 청소년들뿐만 아니라 일반 독자들에게도 교양과 학식을 넓히며 국토 의식을 갖게 하는 것이 목적이다. 간도부터 시작하여 우리 땅 독도까지 하나하나 읽어 가면서 우리 국토의 소중한 가치와 그 속에 숨겨져 있는 즐거움을 만끽할 수 있길 기대한다. 어려운 과정 속에서 이 도서를 집필하고 출판하는 데 함께 노력해 주신 여러 선생님들과 이외에 검토에 함께 참여해 준 안지혜 작가님, 이 도서가 출판하기까지 하나하나에 신경 써 주신 도서출판 푸른길 김선기 사장님과 편집팀장님께 감사를 표하는 바이다.

저자 일동

차 례

004 **머리말**

제1장 변화무쌍한 우리 영토

014 **우리 역사의 시작**

014 찬란한 태양이 비추다
018 고조선의 흥망과 열국 시대

023 **삼국의 영토 확장**

023 천하의 중심은 고구려
029 해외로 진출하는 백제
033 신라의 발전

037 **남북국 시대의 영토**

037 고구려와 백제의 멸망
041 신라의 삼국 통일과 발해 건국

047 **고려 시대의 영토**

047 고려의 민족 통일과 고구려 계승 의식
048 고려의 대외 정책과 영토

055 **조선 시대의 영토**

055 조선의 개창과 발전
058 양 난과 조선 백성
066 조선 후기 간도를 둘러싼 영토 분쟁

069 **오늘날의 우리 국토**

069 우리 땅과 바다, 그리고 하늘
075 갈등의 씨앗, 영해

제2장 우리 영토였던 간도

084 간도는 어디에 있을까?

084 한국 · 중국 · 러시아의 사이에 낀 간도
086 간도 땅과 사람들
088 간도라는 이름은 어디에서 왔나

094 우리 삶의 기반이었던 간도

094 간도, 그곳에서 우리의 흔적을 찾다!
095 옛 지도로 본 간도
099 청의 유조변책과 간도 문제
101 봉금 정책과 조선인의 간도 이주

110 빼앗겨 버린 우리 땅 간도

110 조선과 청의 치열한 국경 논쟁
118 내 뜻이 아니오, 일본의 뜻이오
121 북한과 중국의 비밀스런 협정

126 감성적인 애국주의가 아니라 논리적 이성으로

126 간도가 우리 땅이라고 할 수 있는 이유
128 우리가 앞으로 해야 할 일

제3장 비밀을 간직한 두 섬, 마라도와 이어도

134 **남쪽 끝에 선 마라도**

134 남쪽 끝 작은 섬

136 마라도에 대한 이야기들

142 **마라도의 이모저모**

142 마라도, 그리고 자장면

144 학생 수 3명, 마라 분교

146 마라도를 밝히는 불, 등대

147 마라도의 자급자족 전기 생산

150 마라도의 지형과 식생

153 국토 최남단, 마라도

155 **숨겨진 비밀의 섬, 이어도**

155 해녀들의 이상향, 이어도

157 전설의 섬, 이어도

162 대한민국의 영토, 이어도

166 이어도의 가치

168 우리가 지켜야 할 우리 땅

170 이어도 종합해양과학기지

171 이어도의 미래

제4장 분쟁의 위기에 놓인 독도

178 **아름다운 독도의 비경**

178 안개가 잦은 섬, 독도
178 왜 독도라고 부를까
182 독도의 사계

188 **탄생의 비밀을 간직한 독도**

188 독도 아래, 한라산이 숨어 있다
191 독도의 생김새
194 아기자기한 지형들

200 **상상 그 이상의 자원**

200 메탄 하이드레이트를 찾아서
204 독도, 어장 관리합시다
206 끈질긴 생명력
207 지질학적 가치
209 군사적 가치

212 **독도 문제가 불거지다**

212 섬으로서의 독도
215 배타적 경제 수역과 독도
217 신 한일 어업 협정과 독도
222 주권과 역사 회복의 상징, 독도

속 속 들 이 살 펴 보 는 우 리 땅 이 야 기

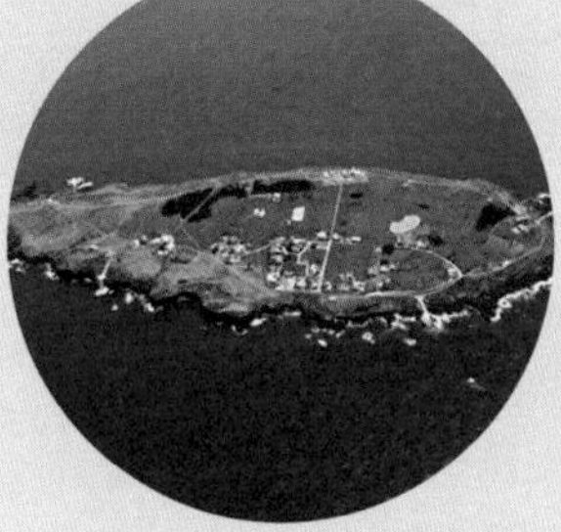

| 제1장 | 변화무쌍한 우리 영토

우리 역사의 시작

찬란한 태양이 비추다

남겨진 기록에 대한 아쉬움

한민족이 처음으로 역사의 무대에 나타난 것은 지금으로부터 4,000~5,000년 전이라고 한다. 기원전 2000년대에 해당하는 아득한 옛날이다. 하지만 그것도 확실하지는 않다. 단편적이면서 불완전한 역사적 기록과 얼마 남지 않은 유물들 탓이다. 아쉬움을 지울 수 없지만, 남겨진 소중한 기록들을 부둥켜안고 생각을 짜내어 옛 사람들의 삶과 이야기를 만들어 가는 것은 조상들의 몫이 아니라 바로 우리들의 몫이다. 뿌리를 찾고자 하는 우리들의 숙명이자 사명인 것이다. 우리에게 남겨진 고대사 관련 문헌 기록은 고려 시대에 쓰인『삼국사기』와『삼

삼국사기_우리나라의 고대사를 연구하는 데 중요한 자료 중 하나이다.

국유사』를 비롯한 몇 권의 역사서들과 중국 문헌에 조각조각 끼어 있는 것들이 전부이다. 아쉬움이 크지만 모르면 모르는 대로 우리의 지나간 역사를 조심스럽게 더듬어 올라간다면 역사적 사실에 근접한 무언가를 밝힐 수 있지 않을까?

단군과 고조선

아득한 옛날 지평선에서 붉은 태양이 이글거리며 떠오른다. 막 떠오르는 태양을 맨눈으로 바라보며 주먹을 불끈 쥐고 있는 사람들이 있다. 이들은 광활한 만주 평원의 거친 풀밭을 바라보며 심장이 터질 듯한 벅찬 감격에 한 동안 말을 잃은 채 서로를 바라보며 입가에 잔잔한 미소를 띠운다. 그 때 어디선가 우렁찬 장사의 목소리가 들린다. "바로 여기다!"

단군이 나라를 언제 세웠는지는 확실하지 않다. 『삼국유사』는 고조선이 기원전 2300년대에 건국되었다고 기록하고 있으나 고고학적인 자료나 문헌 자료를 분석해 볼 때, 기원전 10세기를 넘지 않았을 것으로 보인다. 국가의 형성은 계급이 형성되기 시작하는 청동기 시대에 들어서야 가능한 것으로 보고 있기 때문이다. 최근에는 만주와 한반도의 청동기 시대의 시작 시기와 관련하여 논란이 있으나, 아무리 그 상한선을 올리더라도 기원전 2300년대까지 고조선의 건국을 추론하는 것은 무리가 있다. 『삼국유사』는 몽골의 침략을 경험하면서 자주 의식이 강화되어 우리 역사를 중국 역사와 대등하게 파악하고자 하는 의도가 반영되어 있다. 결과적으로 『삼국유사』는 단군의 고조선 건국 시기를 과장한 측면이 있다고 보아야 하지 않을까?

『삼국유사』에서는 현재 남아 있지 않은 『단군고기』를 인용하여 환인의 서자 환웅이 무리 3,000명을 데리고 태백산 꼭대기의 신단수 밑에 내려와서 신시(神市)를 열었다고 하였다. 이들 환웅 무리는 아득한 옛날 중앙아시아 부근에서 파미르 고원을 넘어 천천히 동쪽으로 이동해서 싱안링(興安嶺) 산맥을 지나 만주 평원까지 이른 무리의 후손이었을 것이다. 한민족은 몽고 인종의 한 갈래로 보이는데, 몽고 인종의 근거지는 파미르 고원이기 때문이다. 환웅은 웅녀(熊女)와 결혼하여 아들을 낳았고, 이를 단군왕검이라 하였는데, 단군은 요 임금의 즉위 후 50년에 평양성을 도읍으로 삼고 조선을 건국하였다. 이어 도읍을 백악산 아사달(阿斯達)에 옮겼는데 그곳을 궁홀산(弓忽山)이라고 하였다. 단군은 1,500년 동안 나라를 다스렸고 후에 산신이 되었다고 한다. 하지

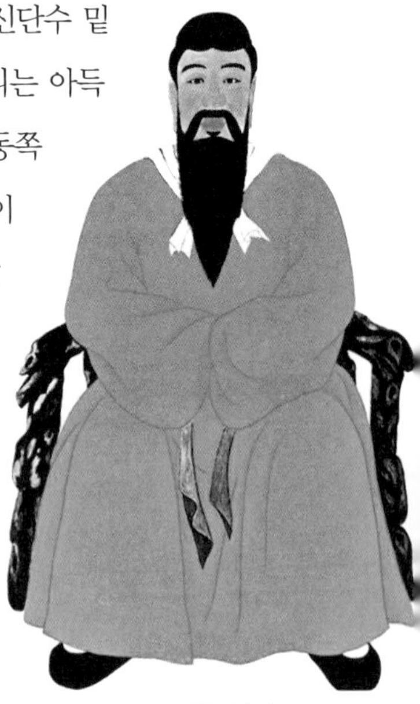
단군 영정

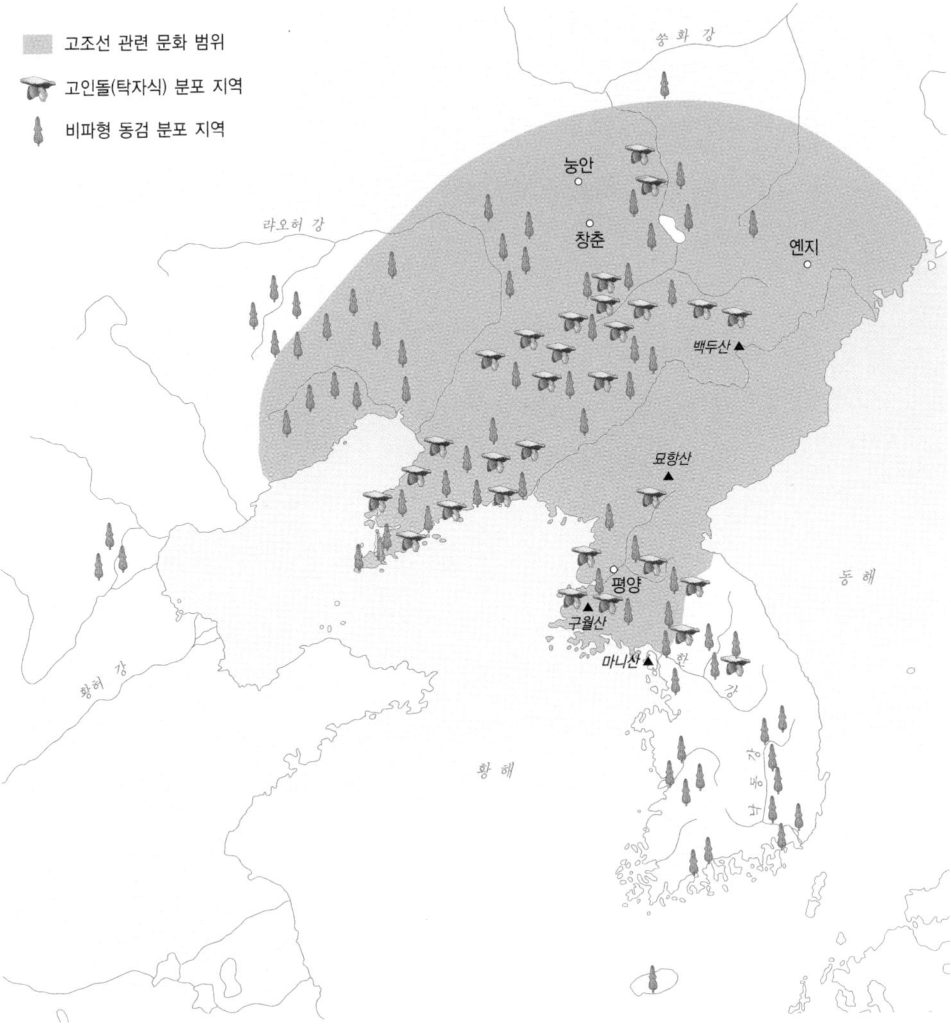

고조선 관련 문화 범위

만 단군이 건국한 조선의 위치에 대해서는 의견이 분분하다.『삼국유사』의 저자인 일연은 평양성을 지금의 평양으로 해석하여 고조선의 중심을 한반도 안으로 인식하는가 하면, 요동 지역을 중심으로 발전하였다고 보기도 한다. 한편, 고조선의 초기 중심지는 요동에 있었는데 후기에는 대동강 유역으로 바뀌었다고 보는 견해도 있다. 이처럼 고조선의 건국 시기와 수도의 위치와 이전의 원인에 대해서는 논란이 되고 있으므로 민족적 자긍심을 강조하다 못해 역사 왜곡으로 이어지는 우를 범하지는 말아야 할 것이다.

고조선의 흥망과 열국 시대

고조선의 흥망

중국의 전국 시대 말기에 고조선은 중국의 연(燕)과 대립할 만큼 강성해졌다. 하지만 연나라의 진개(秦開)가 고조선을 침공하여 2,000여 리의 땅을 빼앗아가면서 약화되기 시작하였고, 이때부터 중국인의 동쪽 이동이 시작되었다. 본격적인 유이민의 이동은 진나라 말기의 혼란기에 있었다. 기원전 2세기 초 무렵 진한 교체기에 연나라 사람 위만이 1,000여 명을 이끌고 고조선으로 망명하였는데 그가 세력을 모아 준왕을 축출한 후 왕검성에 도읍을 정하고 스스로 왕이 되었다. 위만은 망명해 올 때에 상투를 틀었고, 조선인의 복장을 하였다는 것과 국호 '조선'을 그대로 사용하였다는 점 등을 고려하면 연나라에 살던 조선인이 아니었나 싶다. 따라서 위만이 세운 조선은 단군 조선을 계승한 것으로 볼 수 있다는 것이 학계의 지배적인 견해이다. 하지만 분명치 않은 사실에 의미를 크게 부여하기보다는 오히려 중국인의 이민과 중국 문화의 전파, 그로 인한 경제 변동에 주목하여 볼 필요가 있지 않을까? 위만의 조선은 중국의 철기 문화를 본격적으로 수용하여 농업과 무기 제조업 등을 발달시켰으며, 활발

고조선 멸망 후의 여러 나라

한 정복 사업으로 영토를 확장하였고, 상업과 무역을 발달시켜 강국으로 성장했다. 하지만 동남방의 예(濊)나 남방의 진(辰)이 중국의 한(漢)과 직접 교역하는 것을 막고 중계 이득을 독점하였기 때문에 한과 대립할 수밖에 없었으며, 한 무제의 침략을 받아 기원전 108년 멸망하고 말았다. 이어 한의 무제는 낙랑, 진번, 임둔, 현도 등의 한 군현을 설치하고 태수, 현령 등을 파견하여 토착 세력의 성장을 억제하면서 고조선 영토를 직접 통치하게 이르렀다. 이에 고조선인들은 그들을 축출하기 위해 저항을 계속하였으며, 그들의 끈질긴 노력으로 한 군현은 모두 축출되었다.

부여

고조선이 멸망한 후 그 자리에는 새로운 나라가 일어났다. 그중 부여는 만주에서 일어나 쑹화 강(松花江) 유역의 평야 지대를 중심으로 성장하여 고조선 못지않게 성장하였다. 부여는 일찍이 중국과 통교하여 기원후 49년에는 후한에 사신을 보내어 왕호를 사용하였다. 부여는 단군의 직계에서 나왔던 모양으로 문화의 수준도 높았으며, 초기에는 고구려보다 강하였다. 위나라 관구검이 고구려를 침략할 때 위의 군사에게 군량을 제공하기도 하였는데 이는 중국과 연계하여 고구려를 견제하고자 했기 때문이었다. 북쪽으로는 선비족, 남쪽으로는 고구려와 접하고 있던 부여는 285년 선비족 모용외가 침입하자 왕이 자살하고 왕자는 옥저로 망명하는 등 국가의 존망이 위태로워졌으나, 중국 진나라의 도움으로 패망을 벗어날 수 있었다. 그 뒤 부여는 중국의 진나라가 남쪽으로 이동하고(316년), 선비족의 침입을 받아(346년) 왕을 비롯한 5만 명이 포로가 된 뒤 국력이 크게 약화되었고, 고구려의 보호를 받고 있다가 494년 고구려에 투항하였다.

1930년대 사진에 나타난 국내성의 치성(왼쪽)과 북쪽 성벽(오른쪽)

고구려

『삼국사기』에 따르면 백두산 골짜기에는 조그마한 여러 나라가 있었는데 동명성왕 주몽이 부여에서 내려와 졸본 지역에서 고구려를 세움으로써 나라의 힘을 크게 떨치게 되었다고 한다. 졸본은 본래 산속에 있는 지역으로 땅이 나빠서 농토가 부족하였다. 비록 힘써 경작을 하여도 먹을 것을 벌기 어려운 곳이었고, 큰 나라들 틈에서 압박을 많이 받았다. 하지만 이때문에 오히려 힘써 군대를 발달시켰으므로 후에 나라가 커지게 되었다. 고구려는 2대 유리왕 22년에 도읍을 지금의 국내성으로 옮겼다. 국내성은 현재 압록강 건너편인 지린 성(吉林省) 지안(輯安) 경내에 남아 있는 통구 평원 서쪽의 돌로 쌓은 성으로 추정된다. 이 국내성은 20대 장수왕 15년(427)에 평양성으로 천도할 때까지 고구려의 정치·경제·문화적 중심지였으며, 고구려는 바로 이곳에서 광개토 대왕, 장수왕 때 영토를 크게 넓히고 세력을 펼쳤다.

옥저와 동예

옥저와 동예에 대한 것은 『삼국지』 위서 동이전에서 찾아볼 수 있다. 고구려 국내성에서 동남쪽으로 내려오면 옥저가 있었다. 산줄기를 등지고 바다를 바라보는 좁고 긴 나라로, 땅이 토실하여 오곡이 잘 여물고 생선과 소금이 났다. 그러나 북쪽의 고구려나 읍루가 쳐들어와서 방어에 어려움이 많았다. 풍속이 대체로 고구려와 비슷하였다. 옥저의 남쪽에는 동예가 있었다. 동예 사람들은 솔직하고 성실하며 욕심이 적고 염치가 있어서 고구려에 도움을 청하지 않았다고 한다. 언어와 법속이 고구려와 같았다. 옥저와 동예는 변방에 치우쳐 있어 선진 문화의 수용이 늦었고, 고구려의 압박으로 크게 성장하지 못하였다.

삼한

고조선 남쪽 지역에는 일찍부터 진이 성장하고 있었다. 진은 고조선의 사회적 변동에 따라 대거 남하해 오는 유이민에 의하여 새로운 문화가 보급되었고, 토착 문화와 융합되면서 사회가 더욱 발전하였다. 마한, 진한, 변한의 연맹체가 나타난 것도 이 무렵이었다. 이 중에서 마한이 제일 강대하여 충청·전라 지방을 차지하였고, 진한은 경상도를 차지하고 있었으며, 변한은 마한과 진한 둘 사이에 끼여 있는 형국이었다. 이들 나라는 작은 나라가 여럿이 모여서 이루어졌는데, 이는 중앙집권화가 아직 되지 못한 것을 뜻했다. 앞선 문화의 물결은 북쪽에서부터 전파되었기 때문에 이곳은 지리적 여건상 발달이 더뎠으나 서로 다투면서 점차 강한 국가가 나타나게 되었다. 한강 유역에서는 백제국이, 낙동강 유역에서는 가야국이, 그 동쪽에서는 사로국이 성장하여 중앙 집권 국가로 성장해 나간 것이다.

삼국의 영토 확장

천하의 중심은 고구려

초기의 고구려

열국(列國)의 시기를 지나 그중에서 크게 성장하여 나라다운 나라가 된 것은 고구려와 백제와 신라이다. 이 세 나라 중에 맏형격인 고구려를 먼저 보자. 고구려는 부여의 계통을 이은 나라로서 동명성왕 주몽이 기원전 37년 졸본에서 건국하였다. 이후 유리왕이 국내성으로 천도하면서 나라의 기틀을 다져 삼국 중 제일 먼저 국가 체제를 정비하였다. 1세기 후반 무렵 태조왕 때에는 활발한 정복 활동을 펼쳐 옥저를 정복하고, 만주로 세력을 확대하였으며, 낙랑을 압박하기도 하였다. 하지만 고구려는 3세기 위나라의 침입으로 잠시 위축되었다. 특히 고구려가 위나라와 요동 지역을 놓고 전쟁을 벌일 때, 위나라의 유주 자사 관구검이 유주의 병력을 총동원하여 공격해 와서 환도성이 함락되고 동천왕이 옥저 방면으로 피난하는 등 큰 타격을 입었다. 그러나 중국 내에서의 삼국 간 분쟁과 위나라 내부의 분열, 고구려군의 저항 때문에 위군은 곧 회군하였다. 4세기 초 미천왕 때에는 중국의 진나라 세력이 약화된 틈을 이용하여 중국과 낙랑군을 연결하는 요충지인 서안평을 점령하였으며, 낙랑군을 몰

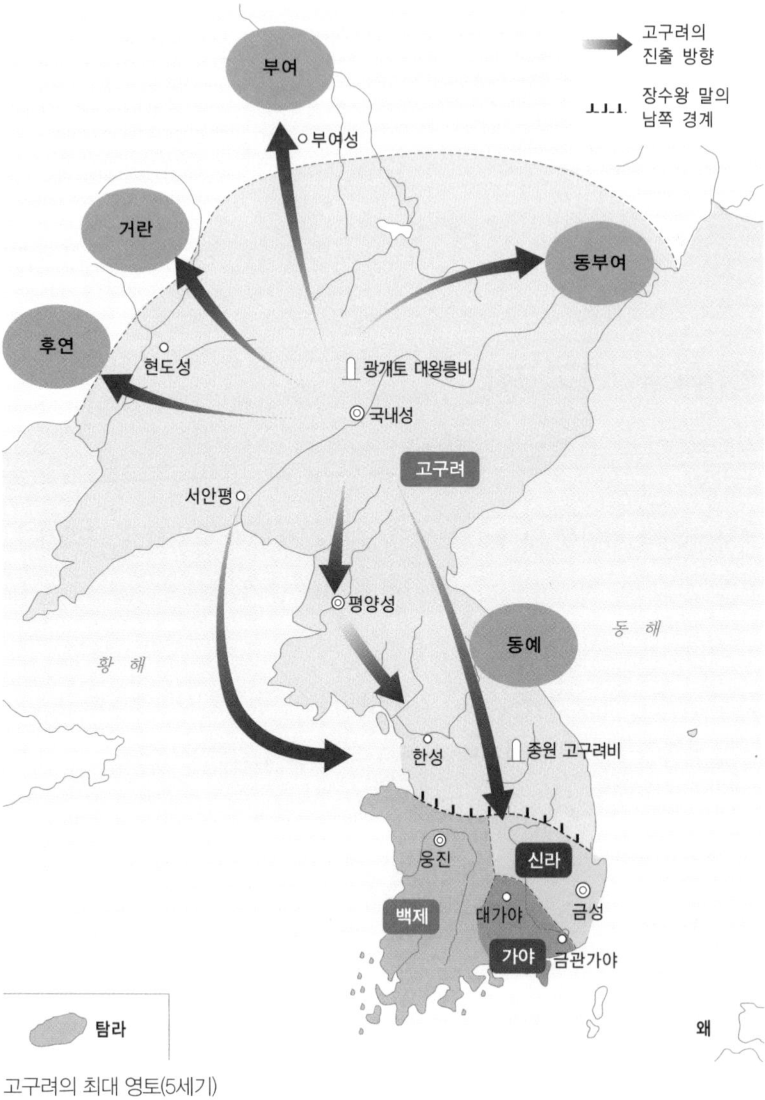

고구려의 최대 영토(5세기)

아냄으로써 고조선의 옛 땅을 회복하였다. 서안평은 지금의 압록강 하구 신의주의 북쪽 부근에 있던 중국의 영토였을 것으로 보이지만, 낙랑군의 위치에 대해서는 만주 혹은 평양으로 주장이 분분하고 그 위치가 확실하지 않다. 이후 고구려는 요동을 둘러싼 북방 민족과의 각축으로 국력이 약화되었다. 선비족인 전연의 침입을 받고 수도가 함락당하였다. 고구려는 곧 수도를 회복하였으나 뒤 이어 백제 근초고왕의 침입을 맞아 고국원왕이 평양성에서 전사하면서 국가적인 위기를 맞기도 하였다.

광개토 대왕의 정복 활동

일제 강점기 나라를 잃고 망명해 역사를 연구하고, 항일 투쟁에 나섰던 단재 신채호는 일찍이 만주 지역을 답사하고 광개토 대왕릉비를 조사한 적이 있다. 그는 그 내용을 옮겨 적어서 위대한 고구려 역사를 쓰는 자료로 삼았다. 광개토 대왕의 사후 그의 아들 장수왕은 아버지의 업적을 기리는 비석을 만들었다. 이 비석은 동아시아에서 가장 오래된 비석으로 뽑히며, 비 주변에는 광개토 대왕릉으로 생각되는 태왕릉, 장군총 등 많은 고분이 있는데, 국내에서는 보기 힘든 거대한 규모로 건설되었다. 비석의 주인공인 광개토 대왕은 누구인가?

광개토 대왕은 고구려 제19대 왕으로, 젊은 나이에 왕위에 올라 사방으로 영토를 확장하여 고구려의 전성기를 열었던 인물로 알려져 있다. 375년 고국양왕의 아들로 태어나 386년에 태자로 책봉되어 391년 왕위를 계승하였다. 본명은 담덕이고, 재위 기간 동안 영락이라는 연호를 사용하여 영락 대왕이라고도 불렸다. 그는 태어날 때부터 기골이 장대하고 용맹스러웠으며, 10대 중반부터 전쟁터에 나가 군사를 지휘할 만큼 어릴 때부터 전쟁을 익히며 자랐다. 그는 391년부터 413년까지 22년 동안 임

광개토 대왕릉 혹은 장수왕릉으로 추정되는 장군총

금 자리에 있으면서 빛나는 정복 활동을 벌였다. 광개토 대왕은 392년 4만 군사를 이끌고 석현정과 관미성 등 한강 이북의 백제의 땅을 공격하여 빼앗았다.

또 그는 같은 해에 몸소 군사를 이끌고 나가 북쪽에 있는 거란을 정벌하였다. 이는 고구려 주변에서 가장 강력한 나라인 후연과의 전쟁에 대비하여 후연의 북쪽에 있는 거란을 미리 정벌한 것이다. 이때 후연과는 동맹 관계를 맺는 등 외교적인 기민함을 보이기도 하였다.

빼앗긴 땅의 탈환을 위해 침공해 온 백제군을 394년에는 수곡성(지금의 신계)에서, 395년에는 패수(지금의 예성강)에서 각각 격퇴하고 접경 지대에 성을 쌓아 방비를 강화하였으며, 이듬해에는 한강 너머로 진격하여 58개의 성 700여 촌락을 격파하였다. 이에 백제의 아신왕으로부터 "영원한 종이 되겠다."라는 맹세를 받고 백제 왕의 동생과 대신들을 인질로 잡아 오는 성과를 올리기도 하였다. 그러나 백제가 복수의 칼날을 갈고 왜와 함께 399년에 신라를 공격하자 이듬해에 보병과 기병 5만 명을 보내어 왜군을 쫓아낸 뒤, 낙동강 입구의 임라가야(금관가야?)도 차지하였다. 404년에 왜가 고구려 땅 대방고지를 침공하자, 친히 출병하여 왜구를 궤멸시켜 버렸다.

광개토 대왕릉비

한편, 광개토 대왕은 남방으로의 원정과 함께 서방으로의 진출을 꾀하기도 했는데, 당시 고구려의 서쪽에는 모용씨의 후연이 있었다. 후연과는 한동안 평온하였으나, 400년 후연이 고구려를 침공하면서 전쟁이 시작되었다. 광개토 대왕은 후연에 대한 보복으로 402년에 요동 지역을 공격하였고, 405년에서 406년 사이에 후연의 두 차례의 침공을 잘 막아내어 요동을 확고히 장악하였다. 이 밖에 398년에는 숙신(말갈)을 정벌하여 조공 관계를 맺었고, 410년에는 동부여를 굴복시킴으로써 북쪽과 동쪽으로 세력권을 확장하였다.

장수왕과 문자왕의 팽창 정책

광개토 대왕에 이어 즉위한 장수왕은 복잡한 중국 정세를 이용하여 영토를 확장하고 국가의 안정을 꾀하였다. 그는 북쪽의 싱안링 산맥 일대의 초원 지대를 장악하는 한편, 중국의 남북조와 외교 관계를 가지면서 대립하고 있던 두 세력을 조종하는 외교 정책을 써서 중국을 견제하였다. 427년에 국내성에서 평양성으로 도읍을 옮기면서 정치 기구를 정비하고 국력을 신장시켰다. 장수왕의 평양 천도는 여러 가지 의도로 이루어진 것으로 보인다. 일단 평양은 고조선 이래 문화적으로 발전된 지역이며, 국내성에 비하여 자연적 조건으로 살기 좋은 곳이었다. 또한 대동강을 이용하여 황해를 통한 국제적 활동이 유리한 곳이기도 하다. 이 밖에 북위와 충돌을 피하면서 국가를 안정적으로 발전시키려는 의도, 국내성에 뿌리내린 귀족들의 세력을 약화시키고 왕권을 강화하고자 하는 의도도 있었을 것이다. 어찌 되었든, 고구려의 평양 천도는 정치 경제적인 발전을 가져왔고, 고구려가 동아시아 일대의 대제국으로 성장하여 천하의 중심이라는 자부심을 가지는 계기가 되었던 것임에 틀림없다. 이후 백제의 수도 한성을 함락하고 한강 전 지역을 포함하여 죽령 일대에서 남양만을 연결하는 선까지 그 세력을 넓혔다.

장수왕의 손자인 문자왕은 광개토 대왕과 장수왕이 이루어놓은 고구려의 전성기를 잘 구가하고 유지해 나갔으며, 고구려의 최대 영토를 이룩하였다. 그는 494년 부여를 복속시켜 만주와 한반도에 걸친 광대한 영토를 지배하고 중국과 자웅을 겨루었다.

이와 같이 계속된 팽창 정책으로 고구려는 동북아시아의 패자로 군림하였다. 고구려는 직접 지배하는 영토와 조공을 받는 주변 여러 나라들까지 포함하여 천하 사방이라고 내세우고 천하의 중심이라 자부하였다. 이러한 고구려의 광대한 판도는 광개토 대왕릉비와 중원 고구려비에 잘 나타나 있다.

해외로 진출하는 백제

백제의 정복 사업

백제는 한강 유역의 토착 세력과 고구려 계통의 유이민 세력의 결합으로 성립되었다. 이때 우수한 철기 문화를 보유한 유이민 집단이 지배층을 형성하였다. 백제는 한강 유역으로 세력을 확장하려던 한 군현을 막아 내면서 성장하였고, 3세기에 고이왕을 거치면서 기본적인 관제가 제정되는 등 체제를 더욱 안정시켜 나갔다.

백제는 4세기 근초고왕이 즉위하면서 전성기를 누리게 된다. 근초고왕은 영토를 확장한 정복 군주였다. 그는 재위 기간 중 마한과 전남 해안 지방을 정복하여 모두 차지하였다. 또한 고구려의 평양성까지 쳐들어가서 고국원왕을 전사하게 하였다. 그리하여 백제는 4세기 후반 현재의 경기, 충청, 전라도와 강원도 및 황해도의 일부까지 점유하는 등 영토를 확장하게 된다. 고구려에 광개토 대왕이 있다면 백제에는 근초고왕이 있었던 것이다.

현재 남아 있는『삼국사기』백제본기에는 근초고왕 즉위 2년(서기 347년)부터 20년간의 기록이 빠져 있다. 그 기간에 근초고왕이 무슨 일을 하였는지 정확히 확인할 수는 없으나『일본서기』의 내용을 참고하여 보면, 신라에 사신을 보내어 동맹을 맺거나, 가야의 한 나라인 탁순국 왕을 통하여 왜국과 외교 관계를 수립하기도 하는 등 외교에 많은 노력을 기울인 것을 알 수 있다. 근초고왕은 백제 역사상 최초로 중국의 사서에 이름이 기록된 왕이기도 하다.『진서』의 기록에 따르면 "백제왕이 372년 두 차례에 걸쳐 동진에 사신을 보내어 조공하였다."라고 되어 있다. 이는 동진과 보다 우호적인 관계를 맺기 위한 노력의 일환으로 일반적으로 통용되는

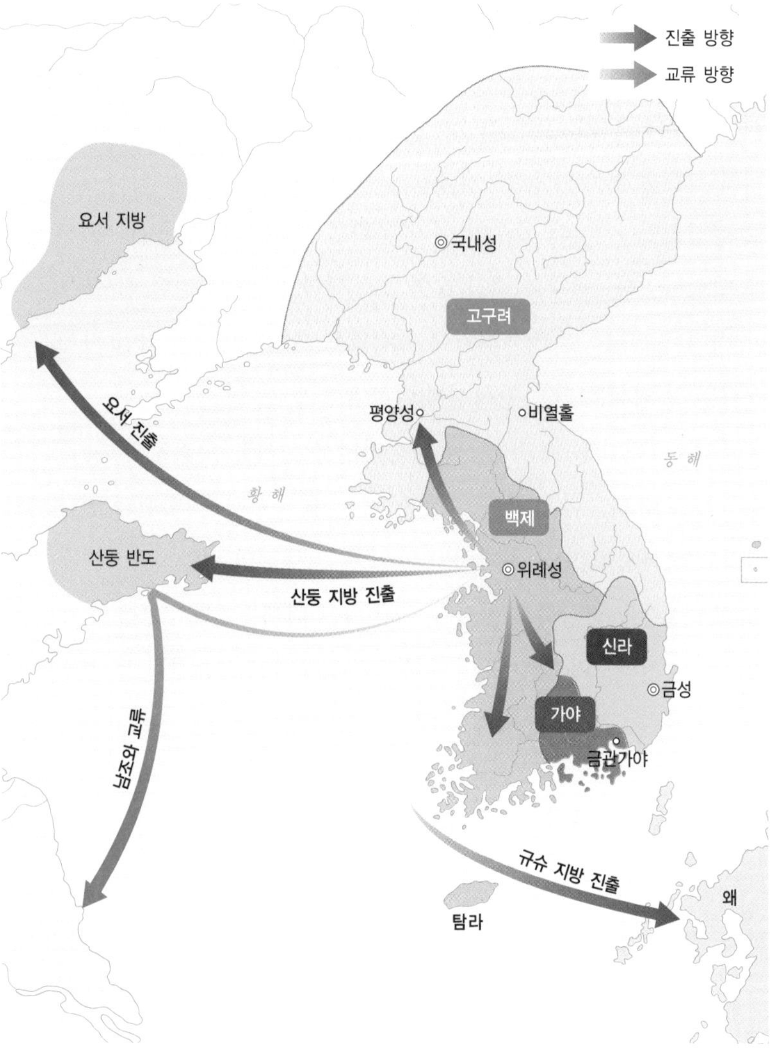

백제의 전성기(4세기)

의례를 차린 것이다. 이처럼 근초고왕은 동진·왜와 교섭하면서 국제적 지위를 확고히 하고자 하였다.

백제의 해외 진출

『송서』와 『양서』의 기록에 의하면 백제는 4세기 후반에 중국의 요서 지방과 산둥 반도 지역에 진출하였음을 알 수 있다. 4세기에는 북방의 유목 민족이 북중국을 점령함으로써 기존의 중국 세력은 남쪽으로 이동해 있는 상황이므로 지리적으로 유리한 백제는 이를 이용하여 해외 진출의 길을 닦아 나갔던 것이다. 백제는 우선 요서 지방으로 진출하여 요서군을 설치하고, 중국이 남북조로 분열되었을 때에는 산둥 반도 지역으로 진출하여 진평군을 설치하였다. 이를 바탕으로 상업 활동을 더욱 활발히 하여 국력을 증진시킨 것이다. 그러나 백제의 해외 진출에 부정적인 입장을 보이는 견해도 있다. 우리나라의 『삼국사기』나 『삼국유사』와 중국 북조의 역사서에는 백제의 해외 진출에 대한 기록이 전혀 없기 때문이다. 그러나 『송서』 등의 중국 남조 측의 기록에 보이는 사실을 굳이 부인할 이유는 없을 것 같다. 북조의 역사서에 이 사실이 보이지 않는 것은 자국의 수치를 기록하지 않는 중국인의 역사 서술 태도에서 기인한 것이 아닐까? 또한 신라 중심의 서술로 정평이 나 있는 『삼국사기』에 백제의 해외 진출 관련 기사가 없다는 것도 백제의 해외 진출을 부정할 근거로 삼기는 힘들다. 백제의 해외 진출을 밝히는 결정적인 증거는 520~530년대에 그려진 것으로 추정되는 『양직공도』의 글이다. 이 글에서는 백제가 요서와 진평현을 차지한 것으로 분명히 기록하고 있다. 『양직공도』의 백제와 관련된 부분은 193자에 불과한 내용이지만, 백제의 역사, 정치 제도, 언어, 풍속, 그리고 고구려와의 관계 등을 객관적으로 기술하고 있다. 이를 고려하면 백제의 해외 진출은 사실로 받아들여야 하지 않을까?

한편 백제는 수군을 증강시켜 일본 규슈 지역으로 진출하여 상업 발전을 이루고자 하였다. 이는 왜와 우호 관계를 유지하여 고구려의 남하를

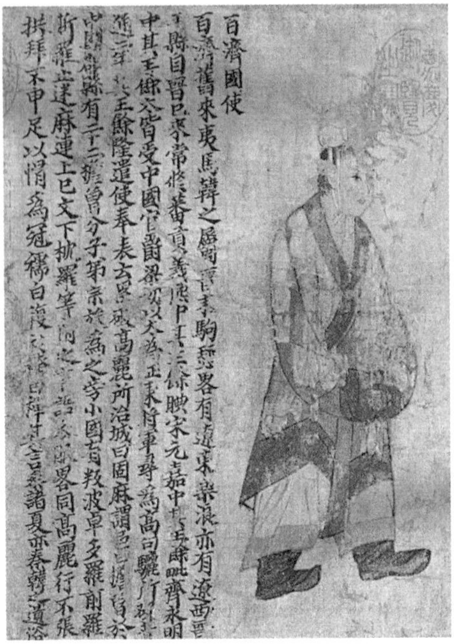

양직공도_중국에 입조한 백제 사신을 그린 그림으로 백제의 역사를 이해하는 데 중요한 자료이다.

견제하고자 하는 목적도 가지고 있었다. 백제는 자국의 우수한 문화를 왜에 전파하여 왜의 고대 문화 형성에 큰 역할을 하였다. 특히 아직기와 왕인은 왜국 태자의 스승이 되었으며, 백제의 오경박사와 역박사, 의박사들은 일본의 문화 발달에 밑거름이 되었다. 백제의 일본 진출은 말할 때 흔히 언급되는 것이 칠지도이다. 널리 알려진 바와 같이 칠지도의 앞뒤에는 60여 문자가 새겨져 있는데 이를 둘러싸고 많은 논란이 있어 왔다. 일본은 이 칠지도를 백제가 왜국에 항복의 징표로 바친 것이라고 주장하고 있으나 우리나라 학자들은 오히려 이를 백제 왕이 왜 왕에게 하사한 것으로 보고 있다. 당시 백제는 일본보다 큰 국력을 가지고 있었다. 따라서 백제가 일본에게 지배받고 있지 않았음이 분명하며, 칠지도에 새겨진 문자의 배열과 형식을 보더라도 이것이 왜왕에게 주는 하사품일 가능성이 크다. X-레이 촬영 등 최근 연구에 따르면 칠지도는 408년 백제의 전지왕 4년에 만들어졌으며, 백제 왕세자인 구이신이 태어난 것을 기념하여 왜왕에게 하사된 칼이라고 한다. 백제는 4세기 후반 무렵 활발한 해외 진출을 통하여 경제적 부를 쌓았으며, 일본과의 협력을 기반으로 고구려의 남하에 맞서 싸울 수 있는 힘을 비축해 가고 있었다.

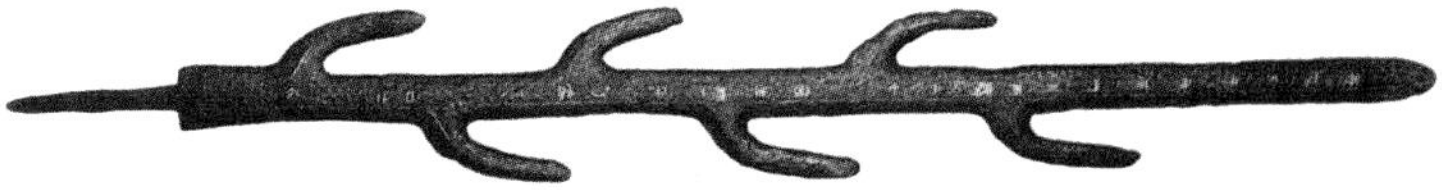

칠지도의 모습

신라의 발전

지증왕의 울릉도 복속

신라는 진한의 작은 나라인 사로국에서 출발하였는데, 경주 지역의 토착민 집단과 유이민 집단이 결합해 건국되었다. 4세기 내물왕 때에는 낙동강 동쪽의 진한 지역을 거의 차지하면서 중앙 집권 국가로 성장하였으나, 신라의 해안에 침입한 왜를 물리치는 과정에서 고구려의 광개토 대왕이 이끄는 군대가 신라의 영토 안에 머무르면서 정치적 간섭을 받기도 하였다.

신라는 5세기 지증왕 때에 이르러 국호를 신라로 정비하고 왕의 칭호도 마립간에서 왕으로 바꾸었다. 특히 대외적으로는 우산국을 복속시켰다. 『삼국사기』에는 신라 지증왕 13년에 우산국이 신라에 항복하여 신라의 일부가 되었다는 기록이 있다. 우산국은 지금의 울릉도를 중심으로 주변의 작은 섬들을 아우르는 영역에서 농경과 어로를 하며 살아가는 독자적인 세력이었다. 우산국은 면적은 사방 100리에 불과하나 지세가 험난하고 사람들이 용맹하여 위력만으로는 쉽게 항복시키지 못하였다. 그러나 신라 이사부의 침공과 강압적인 타협 요구로 인해 우산국은 결국 신라에 공물을 보내는 조건으로 화의를 청하였다. 신라가 우산국을 공격한 것은 동해안 지역을 확보하여 고구려를 압박하기 위해 군사적으로 강한 해상 세력 국가인 우산국과의 연대가 필요했기 때문이었다. 우산국

또한 신라의 선진 문화를 수용할 수 있는 기회를 얻었으므로 서로 간에 이해가 맞아떨어진 셈이다. 우산국이 신라에 항복함에 따라 독도 역시 우산국의 부속 도서로서 신라의 영토가 되었으며, 한반도의 역사와 문화권 내에 편입되었다.

진흥왕의 영토 팽창

서울의 삼각산에서 800m 떨어진 해발 560m 비봉 정상에는 신라 진흥왕 순수비가 있던 곳에 새로운 복제비가 세워져 있다. 이 비봉 정상에서 아래를 내려다보면 동쪽과 북쪽으로는 북한산이, 남쪽으로는 한강의 물줄기가, 서쪽으로는 한강 하구와 넓은 평야 지대가 보인다. 신라는 이곳을 백제로부터 빼앗아 인적, 물적 자원을 확보하고 중국과 편리한 교통로를 바탕으로 신라 중흥을 위한 교두보로 삼고자 하였다. 이러한 막대한 이

국립중앙박물관에 보존되어 있는 북한산 진흥왕 순수비(왼쪽)와 그 유지에 세운 복제비(오른쪽)

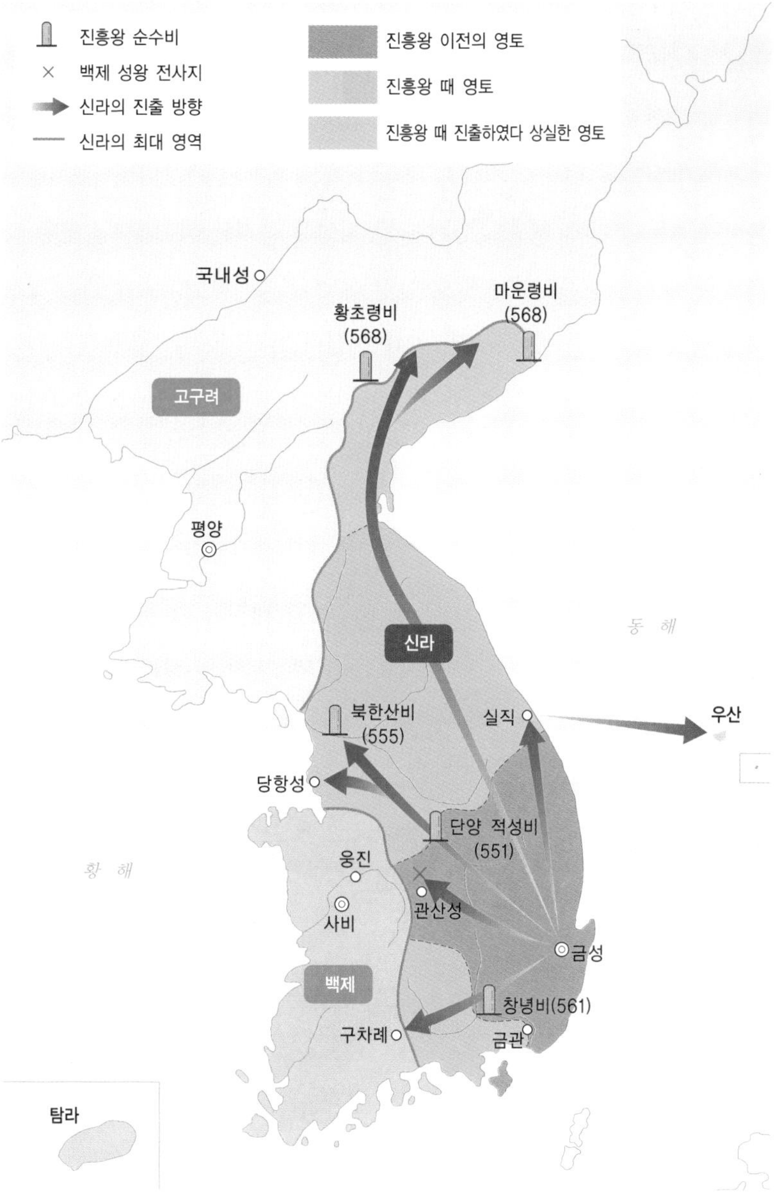
진흥왕 순수비
백제 성왕 전사지
신라의 진출 방향
신라의 최대 영역
진흥왕 이전의 영토
진흥왕 때 영토
진흥왕 때 진출하였다 상실한 영토
국내성
마운령비
(568)
황초령비
(568)
고구려
평양
동 해
신라
북한산비
(555)
실직
우산
당항성
단양 적성비
(551)
웅진
황 해
사비
관산성
금성
백제
창녕비(561)
구차례
금관
탐라

신라의 최대 영토

득이 있었기에 100년이 훌쩍 넘게 유지되었던 나제 동맹을 단번에 깨어 버릴 수 있었을 것이다. 이곳을 확보한 이후의 신라는 전과 같지 않았다. 신라의 국력은 이제 백제와 고구려를 능가하고 있었던 것이다.

신라가 한강 유역으로 진출을 시도한 것은 진흥왕 때부터이다. 진흥왕은 먼저 고구려가 차지하고 있던 단양 지역을 공격한 뒤, 백제와 공동 작전으로 고구려가 차지하고 있던 한강 유역을 공격하였다. 이 공동 작전의 결과 한강의 하류는 백제가, 상류는 신라가 차지하게 되었다. 하지만 이때 신라의 진흥왕은 백제가 회복한 한강 하류의 여섯 군을 공격하여 탈취하고 백제군을 축출해 버린다. 이에 격분한 백제 성왕은 신라를 직접 쳤으나 관산성 전투에서 패하며 전사하고 말았다. 신라에 대한 백제인의 복수심은 한층 커졌으며, 이후 두 나라의 관계는 회복되지 않았다.

신라는 진흥왕 16년(555)에 북한산 순수비를 세웠고, 마운령비, 황초령비는 29년(568)에 각각 세웠다. 마운령비와 황초령비는 신라가 함경도 해안 지방에 진출하면서 이 지역을 새로운 영토로 만든 뒤 국경에 비석을 세운 것이다. 이들 모두가 순수비들인데, 순수비라는 명칭은 왕이 자기 영토를 직접 순시하면서 그곳의 통치 상황을 보고받는 행사를 기념하여 세운 비석을 뜻한다. 이처럼 진흥왕은 한강 하류 유역의 확보, 함경도 해안 지방 진출 등 활발한 대외 정복 사업을 펼쳐 광범한 지역을 새로 영토로 만든 뒤 국경에 비석을 세웠던 것이다.

남북국 시대의 영토

고구려와 백제의 멸망

고구려와 수·당 전쟁

중국 남북조 시대의 혼란을 진정시키고, 분열되었던 중국을 300여 년 만에 재통일한 왕조는 수나라이다. 중국 중심의 세계 질서를 꿈꾸던 수나라 양제는 무리한 대운하 건설과 고구려 침공의 실패로 나라를 잃고 말았다. 수양제의 야망을 무참하게 수장시킨 인물은 바로 고구려의 을지문덕이었다. 수양제는 113만 대군을 이끌고 동방 원정길에 나선다. 113만 대군의 숫자는 가히 상상을 초월하는데, 일렬로 세워진 대군의 길이만 하더라도 1,000리(약 400km)에 가까웠다고 한다. 이러한 수나라 대군의 기세를 꺾은 싸움이 그 유명한 청천강의 살수 대첩이다. 고구려의 살수 대첩의 승리에는 백제 무왕의 숨은 공로가 있다. 수양제가 고구려를 침략하려고 할 때 백제의 무왕은 수나라와의 협공을 약속한다. 이에 수양제는 자신감을 갖고 고구려를 침공하지만 믿었던 백제는 수나라를 도

고구려와 수 · 당의 전쟁

와주지 않았다. 무왕은 수양제의 침공에 맞추어 백제 군사를 고구려의 국경 지대에 배치하였으나 국경을 넘어 고구려를 공격하지는 않았던 것이다. 백제는 수나라를 도와주는 척 하면서 이득만 챙겼다. 고구려는 백제의 중립 덕분에 수나라와의 전쟁에 집중할 수 있었다. 만약 백제와 수나라가 동시에 협공을 해 왔다면 고구려는 그 승리를 장담하지 못하였을 것이다.

수나라가 멸망한 후 고구려는 국경에 천리 장성을 쌓고 당의 침략에 대비하였다. 고구려를 침략할 기회를 엿보고 있던 당 태종은 연개소문의 정변을 구실 삼아 직접 대군을 이끌고 고구려를 침략하였다. 당 태종은 랴오허 강을 건너 요충지인 요동성과 백암성 등을 차례로 함락한 후 안시성을 공격하였다. 안시성은 작은 산성이었지만 서쪽 변경의 중요한 요충지였다. 안시성은 당군에 완전히 포위되어 하루에도 여러 번 공격을 받았으나 함락되지 않았다. 안시성에서는 성주를 비롯한 민·군이 국세게 저항하여 끝내 당군을 물리치고 성을 지킬 수 있었다.

수·당의 침입에 맞서 고구려가 거둔 승리는 우리 역사상 매우 뜻깊은 사건이었다. 고구려의 힘든 싸움은 고구려만을 위한 것이 아니었다. 전 민족과 그 문화를 보호하기 위하여 국경선을 지킨 것이다.

백제의 멸망

백제는 무왕이 죽고 의자왕이 즉위하였다. 의자왕은 즉위 초기 친히 군대를 이끌고 한강 유역의 신라 영토를 공격하여 40여 개 성을 탈환하는데 성공한다. 또한 신라의 대야성을 공격하여 김춘추의 사위인 품석을 죽이고 김춘추의 딸을 자결하게 만들었다. 이후 백제는 신라의 당항성을 빼앗아 신라가 당으로 가는 길을 막기도 하는 등 신라를 압박해 나갔다. 하지만 백제가 너무 자만하고 있었던 탓인지는 몰라도 당나라 소정방이 군사 13만 명을 이끌고 신라와 함께 백제를 침략하였을 때에는 준비가 너무 부실하였다. 소정방은 상륙군을 기벌포로 출항시키고 신라는 김유신 등이 중심

계백 장군 영정

이 되어 5만의 군사가 사비성으로 진군하였는데, 그 도중에 황산벌 전투에서 계백 장군이 신라군에 패하면서 백제는 멸망의 과정을 밟는다. 여러 곳의 패전 소식에 다급해진 의자왕은 급히 웅진성으로 피신하였으나 얼마 버티지 못하고 나당 연합군에게 항복하고 말았다.

고구려의 멸망

백제를 멸망시킨 나당 연합군은 그 여세를 몰아 고구려로 쳐들어갔다. 당군은 평양을 직접 공격하였으나 백제 부흥군이 나당 연합군의 배후를 치는 바람에 신라군이 다시 남진하여 싸워야 했으므로, 그 틈을 노려 고구려는 당나라 군대를 격퇴하였다. 이후에도 여러 차례 당나라 군대는 고구려를 침공하였으나 그때마다 고구려 군은 용감하게 잘 막아 내었다. 전쟁은 고구려가 승리했지만 그 여파는 고구려와 당 모두에게 심각했다. 고구려는 막대한 군사적·경제적 피해를 입었으며, 당나라 역시 계속된 원정의 실패로 인하여 국력이 약해지고 고구려를 침공할 뜻을 잃어버렸다. 하지만 고구려의 몰락은 멀지 않았다. 그것은 바로 연개소문 아들들의 권력 다툼 때문이었다.

고구려가 멸망하기 4년 전, 죽어 가던 집권자 연개소문은 아들 3형제에게 이렇게 유언을 했다고 한다. "너희는 절대로 벼슬을 탐내어 서로 다투지 말아라. 서로 반목하여 세상 사람들의 웃음거리가 되어서는 안 된다." 이는 세 아들의 사이가 나쁨을 연개소문이 잘 알고 있었기 때문이다. 하지만 그가 죽자 남생, 남건, 남산 세 아들은 서로 골육상쟁을 벌였다. 연개소문의 뒤를 이어 남생이 대막리지에 올랐으나, 그가 지방 순시를 하는 도중 남건은 형의 아들을 죽이고 자신이 대막리지가 되었다. 이에 이성을 잃은 남생은 당에 항복해 버렸다. 당 조정은 연개소문이 버티고 있어 그동안 정복하지 못한 고구려를 정복하기 위해 667년 고구려 원정을 일으켰다. 당 고종은 신라에 칙령을 보내 고구려를 칠 군사를 보내도록 하였고, 문무왕과 김유신은 20만 군사를 이끌고 출전하였다. 결국 나당 연합군에 의해 평양성은 함락당하였고, 고구려는 멸망하고 말았다. 900년 역사의 고구려가 내부 분열로 하루아침에 망해 버린 것이다.

신라의 삼국 통일과 발해 건국

백제와 고구려를 멸망시킨 당나라는 두 나라를 당의 영토로 편입하고 군대를 주둔시켜 지배하고자 하였다. 더군다나 신라까지도 병합하려는 침략 의도를 가지고 있었다. 당나라의 이러한 침략적 행동에 신라는 무력으로 당나라 군대를 몰아내고자 하였다. 우선 신라는 백제 내에서의 유민들의 부흥 운동을 진압하는 데 소극적이었으며, 고구려 유민들의 대당 투쟁을 도와주기도 하였다. 그리고 설오유가 이끄는 신라군과 고연무가 이끄는 고구려 유민군이 연합하여 압록강을 건너 당군을 토벌하면서 본격적인 나당 전쟁에 돌입하였다. 연합군은 671년부터 675년까지 평양, 예성강 등지에서 많은 당군을 격퇴하였다. 당군은 676년 20만 명의 대군을 매소성에 주둔시켜 신라에 대한 공격을 계획하였으나 오히려 신라에 반격을 허용하여 수많은 당군이 살상당하는 피해를 입고 패퇴하였다. 또한 설인귀가 이끄는 당나라 수군이 지금의 금강 하구인 기벌포로 침입해 왔으나 신라 수군에게 완패당하였다. 이 두 싸움을 기점으로 당군은 철수하였고 신라는 10여 년의 전쟁을 마무리 짓고 삼국 통일의 완성을 이룰 수 있었다.

신라의 삼국 통일은 대동강에서 원산만까지를 경계로 하여 그 이남의 땅을 차지하는 데 그쳤다. 신라는 외세를 끌어들여 통일을 이룩하였으나 그것은 반토막의 통일이었다. 고구려의 옛 영토를 당나라에 넘겨 주었으며, 고구려의 뒤를 이른 발해와도 우호 관계를 유지하지 못하고 서로 갈등 관계로 지냈다. 물론 신라가 삼국을 통일한 과정에서 고구려와 백제의 유민들과 함께 혈연 의식을 가지고 서로 협력하여 당을 요동 땅으로 몰아냈다고는 하나, 만주를 모두 내어 주는 너무나도 과한 값을 주고 통일을 샀으니, 그 통일은 통일이 아니라 분할이라고 하는 편이 오히려 맞지 않을까.

발해의 건국

고구려가 멸망한 이후 당은 옛 고구려 땅에 도독부, 주, 현 등을 두어 직접 지배하려 하였지만, 고구려 유민의 강한 저항에 부딪혔다. 압록강 이북에서 당나라에 강제 이주되었던 고구려 유민들도 요동 지방을 근거로 강력하게 투쟁하였다. 특히 요서 지방으로 이주되어 감시를 받고 있던 고구려 장수 대조영은 거란 장수의 반란을 계기로 고구려 유민들을 이끌고 말갈인을 이끈 걸사비우와 함께 탈출에 성공하였다. 대조영은 당과 직접 충돌하는 것을 피하고 말갈인들을 규합하여 전열을 보강한 후 천문령 전투를 계기로 발해 건국을 이룩하였다. 대조영이 성을 쌓고 도읍을 정한 동만주의 동모산은 고구려의 옛 영토라는 점과 당나라 세력으로부터 멀리 떨어져 있어 방어에 유리한 장점이 있었다. 또한 동만주 지역은 말과 철 등의 특산물 생산지였으므로 새로운 나라의 도읍지로는 이상적이라 할 만하였다.

대조영은 발해를 건국하고 당나라와 대립하고 있던 돌궐과 손을 잡으면서 국제적 고립으로부터 벗어나고자 하였다. 당으로서도 대조영과 발해의 존재를 인정하지 않을 수 없어 양국 간의 화해가 성립되었고, 713년에는 대조영을 발해군왕(渤海郡王)으로 봉하기도 하였다.

발해의 불비상_하단에 발해의 독자적인 연호와 왕부의 존재를 드러내는 글귀가 적혀 있어 발해가 중국의 지방 정권이 아니라 독립적인 국가였음을 보여 준다.

발해의 고구려 계승

대조영 집단은 원래 속말말갈인으로서 원거주지인 속말수 유역에 거주하다가 6세기 말을 전후하여 고구려 안으로 옮겨와 정착하면서 고구려인으로 동화되었다. 고구려가 멸망한 이후에는 고구려의 유력층으로 분류되어 요서 지역으로 강제 이주 당하였다. 대조영은 스스로가 이미 고구려인으로 동화되어 고구려에 강한 귀속감을 갖고 있었으며, 발해는 건국 초기 여러 외교 사절을 통해 고구려 계승국임을 강하게 표방하였다. 신라 말 유학자 최치원이 중국 황제에게 보낸 국서에서는 발해를 '고구려의 잔당'이라 표현하였는데, 이는 비록 발해를 얕잡아 보는 표현이지만 신라인들이 발해를 고구려의 후손으로 인정하였다는 것을 의미한다. 중국 측의 기록인 『구당서』에서도 대조영을 고구려 출신으로, 도읍을 계루의 옛 땅으로 기록하고 있다. 중국 역시 발해의 고구려 계승을 인정하고 있는 것이다.

발해는 옛 고구려 땅에서 일어나 고구려 계승을 표방하였다는 점을 고려한다면, 신라의 삼국 통일은 불완전한 통일이 된다. 따라서 발해와 신라의 공존 시기는 '남북국 시대'라 불러야 마땅할 것이다. 남북국 시대의 발해와 신라는 마땅히 화합하고 협력하여 통일을 지향하는 동반자적 관계를 지향하여야 했으나, 현실은 대립과 갈등을 벗어나지 못하였다. 신라의 삼국 통일이 진정한 의미의 통일이라고 할 수 없으므로 남북국 시대 역시 통일을 이룩하기 위한 중간 단계로 보아야 하지 않을까?

발해의 영토 확장

대조영은 즉위 후 2년 동안 영역을 넓히는 정복 활동을 세차게 전개하였다. 동모산성과 오동성을 근거지로 하여 주변 세력들을 하나씩 모아 나갔다. 그리고 주변 지역을 중심으로 차츰 부챗살 모양으로 영역을 넓혀 나갔다.

발해의 2대 왕인 무왕은 719년 대조영이 죽자 즉위하여 연호를 새롭게 고치고 지속적인 영토 확장을 꾀하여 옛 고구려의 영토를 빠르게 회복하였다. 『신당서』에는 "발해가 영토를 크게 개척하니, 동북 지방의 모든 이민족들이 겁을 먹고 무왕을 섬겼다."라고 기록되어 있다. 발해의 세력이 커지자 옛 고구려처럼 자신들의 안전을 위협한다고 생각한 당나라는 동북쪽에 위치한 흑수말갈 부족과 전략적인 제휴를 하고 발해를 견제하였다. 이에 발해에 위협의 되는 연합을 깨기 위해 동생 대문예를 지휘관으로 삼아 흑수말갈을 공격하고자 했다. 그러나 대문예는 이를 거부하고 당나라에 투항하였고, 발해 무왕은 우선 흑수말갈을 쳐서 당과 연합하지 않겠다는 허락을 받아낸 다음 거란, 돌궐과 함께 당의 전진 기지를 선제공격하였다. 장문휴 장군이 이끄는 발해군은 바다를 건너 산둥 반도

발해의 최대 영토

에 있는 등주를 공격하여 함락시키고, 등주 자사 위준을 죽였다. 다급해진 당나라는 신라에 구원을 요청하였으나 신라군은 추운 날씨 탓에 제대로 된 전투를 해 보지도 못하고 퇴각해 버렸다. 이후 상황은 급변하였다. 거란이 당나라와 전투에서 크게 패하고, 돌궐의 족장이 암살당하면서 전투에 집중할 수 없게 되자 무왕은 붙잡은 당나라의 포로를 풀어주며 화친을 청하는 등 대당 친선 정책으로 대외 노선을 바꾸었다. 이후 문왕이 즉위하면서 당나라와 평화적인 관계는 계속 유지되었다.

발해는 3대 문왕 대흠무가 57년간 재위한 뒤 죽자, 이어 대원의·성왕·강왕·정왕·희왕·간왕이 차례로 왕위에 올랐으나 별다른 치적을 남기지 못하였다. 하지만 10대 임금 선왕이 왕위를 계승하면서 변화가 생겼다. 그는 재위 기간 중 북쪽의 말갈 부족을 대부분 복속시키고, 요동 지방에 대한 당의 지배력이 약화된 틈을 타 랴오허 강 유역까지 진출하였다. 이러한 활발한 대외 정복활동은 『신당서』에서도 보이는데 "발해는 북쪽 여러 부족을 쳐서 크게 영토를 넓혔다."라고 기록되어 있다. 이때 발해는 5경·15부·62주의 지방 제도를 완비하였고, 당으로부터 해동성국(海東盛國)이라는 칭호를 얻는 등 중흥기를 맞이하였다.

그러나 10세기 초에 이르러 부족을 통일한 거란이 동쪽으로 세력을 확대해 오고, 발해 내부에서도 귀족들의 권력 투쟁이 심해지면서 내분이 일어나 국력이 크게 쇠퇴하였다. 결국 발해는 거란의 침략을 받아 926년 멸망하고 말았다.

고려 시대의 영토

고려의 민족 통일과 고구려 계승 의식

10세기에 들어서 중국은 당나라가 멸망하고 5대 10국이 난립하는 분열된 양상을 보였다. 신라 역시 귀족들의 무능과 부패, 골품제의 폐단, 농민들의 저항으로 세력이 약해지고, 견훤의 후백제와 왕건의 고려가 새로운 세력으로 등장하였다. 또한 926년 거란족 야율아보기의 침략으로 발해가 멸망하여 우리 민족의 활동 폭이 만주와 북방에서 한반도로 줄어들었다.

왕건이 세운 고려는 후삼국을 통일하기 전까지 고구려를 계승한 왕조임을 분명히 표방하였다. 특히 발해가 멸망하자 지속적으로 발해 유민을 받아들였다. 당시 고려에 온 발해 유민은 10만에서 많게는 수십만으로 추정되는데, 이 중에는 관리, 장군, 학자, 승려 등이 상당수 포함되어 있었다. 왕건은 이들을 우대하였으며, 특히 발해의 왕자 대광현을 우대하여 동족 의식을 분명히 하였다. 왕건은 발해 유민을 포용하는 데 그치지

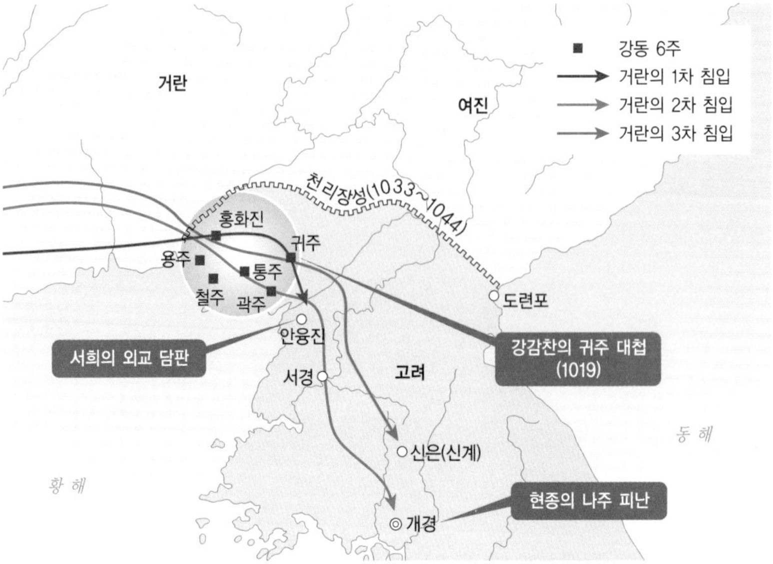

거란의 침입과 격퇴

않고 거란에 포로로 끌려간 발해의 마지막 황제인 대인선을 구출하고자 노력하였다. 왕건의 이러한 태도는 거란과의 전쟁도 불사하겠다는 강경한 의지가 반영되어 있었다. 왕건은 거란을 무도한 나라라 하여 거란 사신을 귀양보내거나 선물로 준 낙타를 굶겨 죽이는 강경한 태도를 유지하였다. 고구려 계승을 천명한 고려에게 있어서 동족 국가인 발해를 멸망시킨 거란은 처음부터 원수의 나라였던 것이다.

고려의 대외 정책과 영토

거란의 침입과 격퇴

10세기 초에 통일 국가를 세운 거란은 송과의 대결에서 유리한 위치를 차지하기 위해 여러 차례 고려를 침략하였다. 처음에는 80만 대군을 이끌고 침략하여 고려가 차지하고 있는 옛 고구려 땅을 내놓고 송과 교류를 끊을 것을 요구하였다. 이에 고려 조정은 거란의 요구를 들어주자는 주화파가 우세하였으나 외교 담판에 나선 서희의 생각은 달랐다. 서희는 거란이 처해 있는 상황에서는 고려와 전면전을 벌일 수 없다고 판단하고 거란과 고려의 입장을 서로 타협하여 해결책을 모색하고자 하였다. 거란 장수 소손녕은 고려가 신라를 계승하였으므로 지금 차지하고 있는 고구려 영토를 내어 달라고 하였으나, 서희는 고려가 고구려를 계승하였고, 거란의 동경도 사실 고려의 땅이며, 압록강 유역도 고려의 땅이나 여진이 있어 거란과의 통교가 불편하다고 반박하였다. 거란의 목적은 송을 치기 위해 배후 세력을 포섭하는 것에 있었으므로, 서희의 주장이 일리가 있다고 판단한 거란은 압록강 동쪽 지역을 고려가 개척하는 데 동의해 주었으며 바로 군대를 되돌렸다. 결과적으로 고려는 강동 6주를 획득하여 압록강 유역까지 진출하게 되어 지금의 평안북도 일대의 국토를 완전하게 회복하는 데 성공하였다. 이후에도 거란은 고려와 송의 관계를 구실로 두 차례 더 침략해 왔으나 고려는 이를 잘 막아 내었다. 특히 강감찬은 거란이 세 번째 침략해 왔을 때, 살아 돌아간 거란의 군사가 겨우 수천에 이를 정도로 대승을 거두기도 하였다.

윤관의 여진 정벌

오랫동안 부족 단위로 분산되었던 여진은 11세기 후반에 이르러 통일 세력을 형성하기 시작하였다. 숙종 때 북만주 완옌부 추장이 여진족을 통일하면서 북간도 지방으로 세력을 뻗쳐 왔고, 이후 다시 남하하여 고려군과 충돌하게 되었다. 이에 고려는 임간과 윤관을 보내어 여진을 정벌하려 하였으나 여진의 기병에 차례로 패하면서 철수하였다. 이를 계기로 고려는 윤관의 주도로 별무반을 창설하게 된다. 신기, 신보, 항마군으로 구성된 별무반 17만 대군을 이끌고 윤관은 여진족의 거점인 함흥 평야와 그 이북을 대대적으로 토벌하였다. 이어 이곳에 남쪽으로부터 백성을 이주시켜 개척하여 살게 하고 9성을 쌓았다. 이른바 동북 9성이다. 그러나 고려가 개척한 동북 9성은 오래 유지되지 못했다. 생활 터전을 잃은 여진족이 끊임없이 침략하며 동북 9성의 반환을 요구했기 때문이다. 한편 고려 내에서도 여진과 화친을 주장하는 부류가 많아졌다. 화친을 주장한 것은 정권을 안정시키려는 속셈도 있었으나, 서북 방면에서 거란과 대치하고 있는 상황이었으므로 여진 토벌에만 주력하기에는 무리가 있었기 때문이었다. 결국 고려는 동북 9성을 개척한지 1년 반 만에 여진족에게 돌려주고 말았다.

척경입비도_조선 후기 북관(지금의 함경도)에서 무공을 세운 이들을 그린 화첩 『북관유적도첩』에 실린 것으로, 윤관이 9성을 개척하고 비석을 세우는 장면이다.

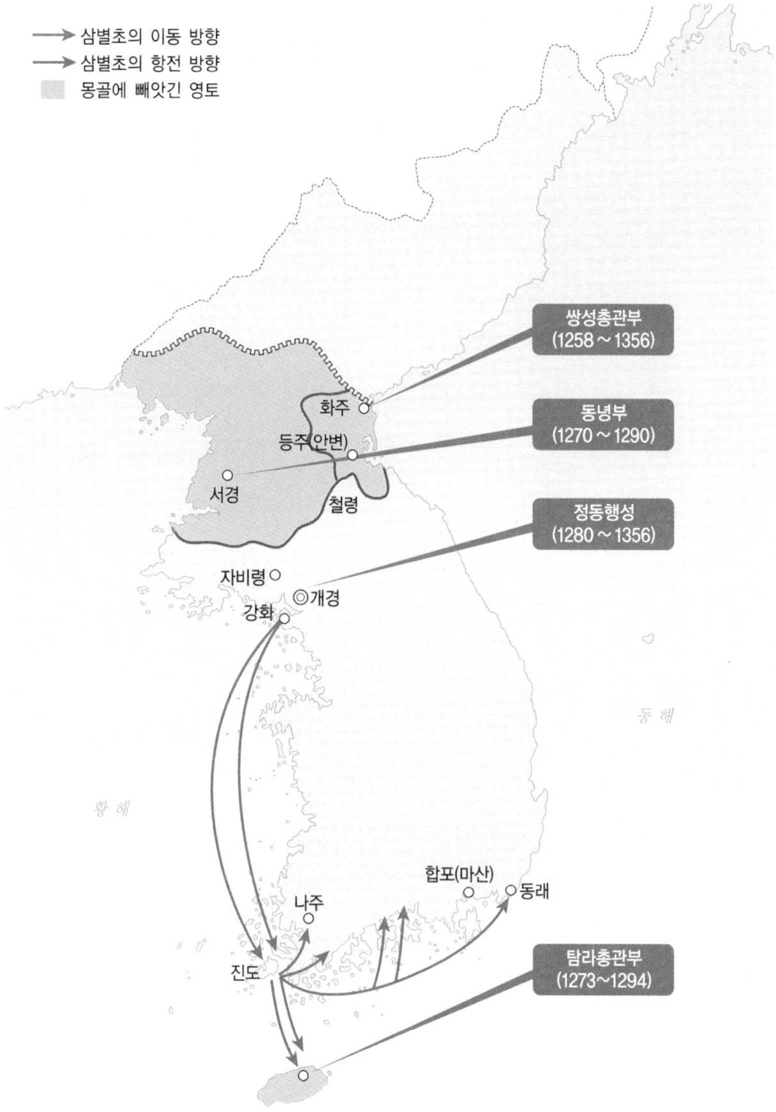

삼별초의 항쟁과 빼앗긴 영토

몽골의 침입과 영토의 축소

13세기 초, 오랫동안 부족 단위로 유목 생활을 하던 몽골족이 통일 국가를 건설하면서 동북아 정세가 급격히 변하였다. 몽골이 금을 공격하고 북중국을 점령하자 고려와의 접촉도 시작되었다. 당시 금나라를 세웠던 거란은 몽골군에 쫓겨 압록강 건너의 고려 영내로 들어와 평양 북쪽의 강동성에 진을 치고 있었는데, 몽골군은 거란을 토벌하기 위해 고려의 강동성으로 진격해 들어왔다. 고려와 협공으로 거란을 제압한 몽골은 고려에 무리한 조공을 요구하게 되고, 이를 듣지 않자 자국 사신이 피살된 사건을 구실로 대군을 이끌고 침략하였다. 당시 무신 정권은 수도를 강화도로 옮겨서 정권을 안정시키려 하였지만, 이 기간에 김윤후가 이끄는 민병과 승군이 처인성에서 몽골 장수 살리타의 군대를 물리치는 등 일반 민중의 항쟁이 이어졌다. 고려 민중의 끈질긴 항쟁의 결과 몽골은 고려를 완전히 정복하겠다는 계획을 포기하고 고려에 감찰관을 파견하여 간접 통치하게 되었다. 특히 배중손이 이끄는 삼별초의 항쟁은 장기간에 걸친 대몽 항쟁을 대변해 주고 있다.

하지만 고려는 몽골의 침입으로 북방 영토를 대거 상실하였다. 한때는 황해도의 자비령에서 강원도 북부의 철령 이북까지를 모두 몽골에 빼앗기기도 하였다. 몽골은 철령 이북에는 쌍성총관부를, 자비령 이북에는 동녕부를 설치하여 직접 고려의 영토를 다스렸다. 하지만 공민왕에 이르러 철령 이북의 영토 수복에 나서서 성공을 거두며 지금의 평안북도, 함경북도, 함경남도 대부분을 회복하였다.

다하지 못한 고려의 책임

고려는 건국 후 고구려를 계승한 왕조임을 분명히 하였으나, 후삼국을

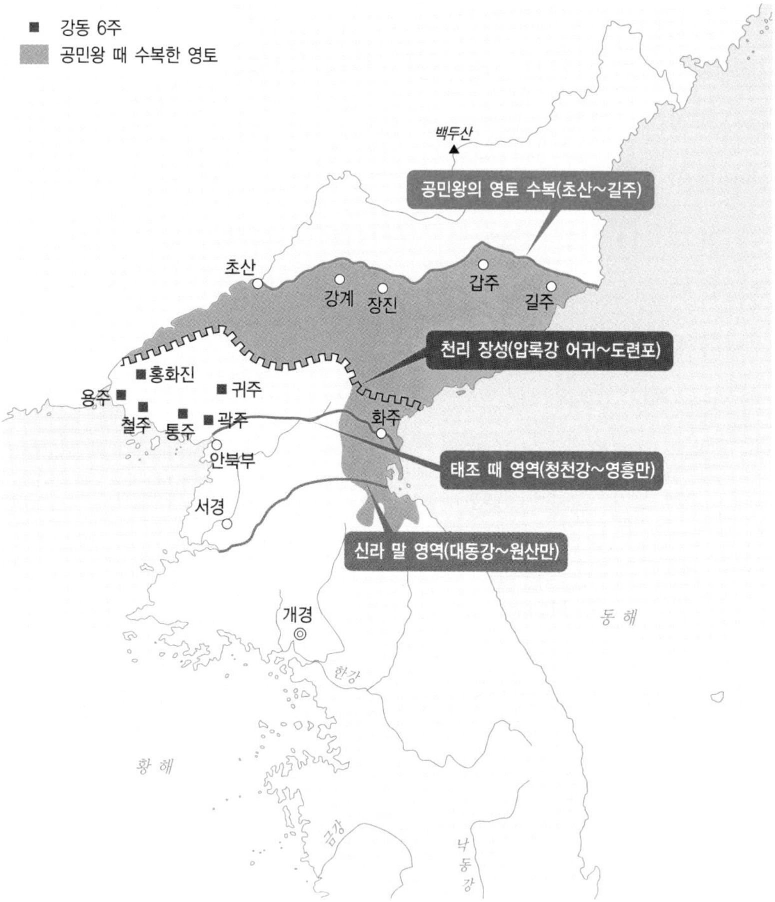

고려 시대 영토의 변화

통일한 뒤에는 사정이 달라졌다. 신라의 지배층이 고려의 새로운 지배층으로 대거 유입되자 고려 왕조는 현실적으로 신라를 계승한 왕조라는 역사 의식을 갖게 된 것이다. 『삼국사기』를 보아도 그러하다. 이 책의 기사를 살펴보면 고구려와 백제에 대해서는 비판적으로, 신라에 대해서는 극히 우호적으로 서술하고 있다. 이는 고려가 통일 신라를 계승하여 그 영토의 대부분을 지배하게 된 사실과도 연관이 있다. 이러한 역사 인식은 고려로 하여금 더욱 커지지 못하고 한반도 영토 내에 머무르게 하는 보수성을 길러 내었다. 거란이 침입해 오니 땅을 떼어 주자는 신하들의 좁은 마음이 그러하고, 예종에게 신임받은 윤관을 질투하여 벼슬과 공신의 호마저 삭탈해 버린 사대주의 보수파 관리들의 마음이 그러하며, 서경 천도를 주장한 묘청의 주장을 일축해 버린 개경파 문벌 귀족들의 마음이 그러하다. 이뿐인가? 몽골의 침입으로 수십만 명의 고려인이 잡혀 가고 살육당할 때에, 강화도로 피신해 잔치를 벌이고 있었던 이 나라의 무능한 정권은 어떠한가? 몽골의 공격에 항복함이 없이 생명을 다 바쳐 싸우다 죽어간 민중 옆에서 자신만 살자고 도망간 지체 높은 귀족들은 어떠한가? 고려의 역사 인식은 이처럼 짧으면서도 서글프다. 고구려를 계승한 그 자부심은 다 어디로 가 버리고 말았나?

조선 시대의 영토

조선의 개창과 발전

이성계의 위화도 회군과 조선의 개창

이성계 집안은 원래 전주에 살았다고 한다. 5대조 할아버지였던 이안사가 고려 관리들과 갈등이 있어 원나라가 지배하고 있던 간도 지방으로 들어간 후 대대로 이곳에서 원나라 지방 관리가 되었다. 아버지 이자춘도 쌍성총관부에서 관리로 있었다. 하지만 이자춘은 공민왕 때 고려로 귀순하여 쌍성을 되찾는 데 큰 공을 세워 이성계가 성장하는 발판이 되었다.

이성계는 타고난 군사적 재능을 바탕으로 두각을 나타내었다. 1362년 홍건적에 함락된 수도 탈환 작전에 참가하였고, 동북쪽 여진족의 침공을 물리치는 공을 쌓기도 하였다. 1377년에는 경상도 일대와 지리산에서 크게 창궐하던 왜구를 대파하기도 하였고, 1380년에는 황산 대첩을 이끌기도 하였다. 이후 최영과 함께 최고 권력자의 자리에 올랐으나 대외 관

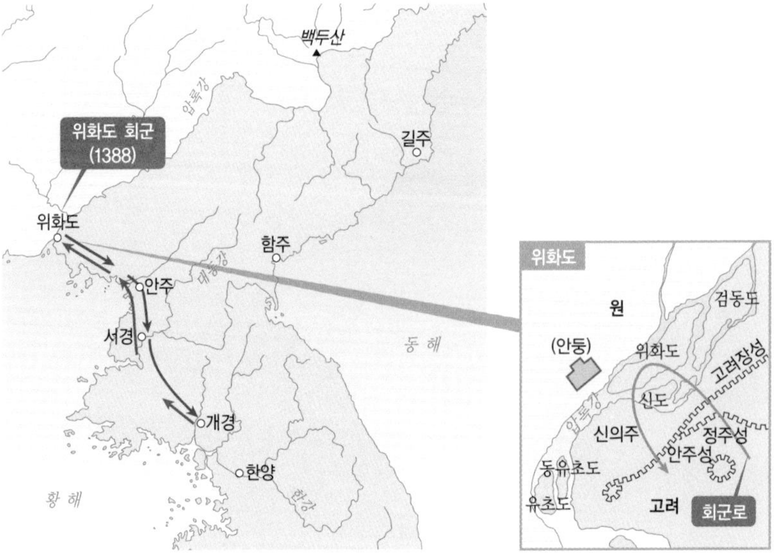

위화도 회군

계와 권문세족 처벌에 대한 입장 차이로 갈등을 빚게 되었다. 이들의 갈등은 원을 몰아내고 새로이 왕조를 개창한 명이 1388년 원의 쌍성총관부 관할하에 있던 지역에 철령위를 설치하고 명의 직속령으로 삼겠다고 통고한 것을 두고 최고조에 달하였다. 이때 정권을 잡고 있던 최영은 명의 요구를 거절하는 한편, 이 기회에 명이 차지한 요동 지방까지 회복하려 하였다.

그러나 처음부터 국내외의 정세로 보아 요동 정벌이 현실적으로 불가능하다고 판단하여 출병을 반대하였던 이성계는 이른바 '4불가론'을 내세우면서 위화도에서 회군을 단행하여 최영을 귀양 보내 죽이고 정권을 잡았다. 이어 우왕과 창왕, 공양왕을 차례로 폐위시키고 조선 왕조를 개창하게 된다.

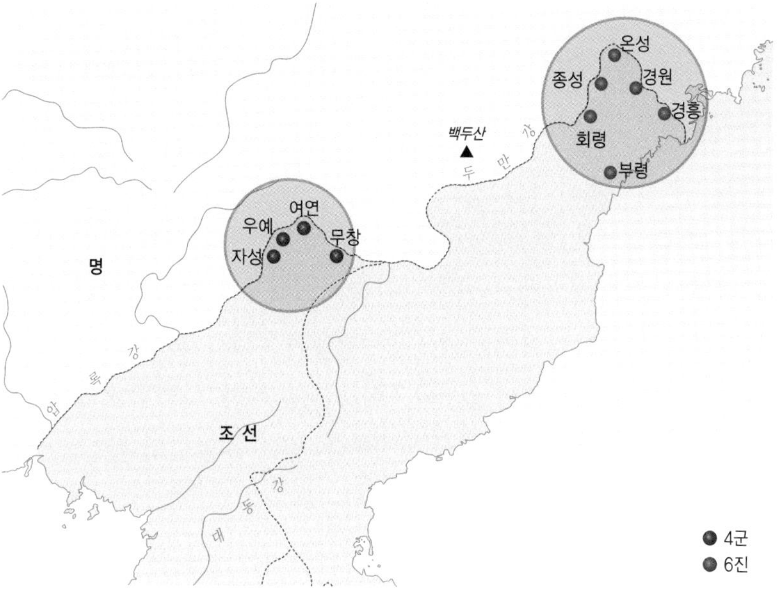

4군 6진 개척

세종의 4군 6진 개척

조선 초기 외교 정책의 원칙은 사대교린이었다. 사대는 중국과의 관계이고, 교린은 일본 및 여진에 대한 외교 정책이었다. 세력이 강하고 큰 나라를 받들어 섬기고(事大), 이웃 나라와 대등한 입장에서 사귀어(交隣) 국가의 안정을 도모한다는 방침인 것이다.

세종은 고려 말부터 들끓었던 왜구의 노략질 문제를 해결하기 위해 이종무 등을 보내어 왜구의 소굴이라 생각되던 대마도를 정벌하게 하였다. 그리하여 대마도 도주 소씨에게 왜구 근절의 책임을 지우는가 하면, 조선에 대한 무역 통제의 특권을 주어 그들을 달래기도 하였다. 또한 원이 망한 뒤에 명의 세력이 동북쪽까지는 미치지 못하였으므로 그 지역에 여진이 성하게 되어 우리 국경을 자주 넘어오게 되었다. 세종은 이들을 토벌하여 압록강 안에는 네 고을을 두고 두만강 안에는 육진을 개척하여 북방 영토를 확장하였다. 그 뒤 여진족은 서방쪽으로 이주하였고, 6진에 각 도의 백성들을 이주시켜 개척하게 함으로써 조선의 영역은 두만강 이남 전역에 이르게 된 것이다.

당시 6진 개척에 큰 일을 하였던 김종서는 넘치는 패기와 씩씩한 기상을 한 수의 시로 읊어서 우리들의 가슴을 시원하게 한다. "삭풍은 나무 끝에 불고 명월은 눈 속에 찬데 / 만리변성에 일장검 빗겨 들고 / 긴 파람 큰 한소리에 거칠 것이 없어라." 이 노래는 두만강, 백두산 밑자락에서가 아니라 흑룡강의 굽이치는 물결이나, 넓고 넓은 만주 평원의 아득한 지평선을 바라보며 불러야 할 것이 아닐까.

그러나 당시 신하들의 생각은 달랐던 모양이다. 정조 때 편찬한 『명신록』에 보면 김종서가 여진 토벌을 앞장서 주장하자 사람들은 이를 반대하여, "김종서는 한정 있는 사람의 힘으로 이루지 못할 일을 시작하니 그 죄가 목 베어 마땅하다."라고 하였다. 육진 개척이 사람이 할 수 없는 일이라 하고 그것을 주장함이 목 벨 일이라고 한다면, 백두산 너머를 꿈꾸며 만주를 호령하자고 주장하는 일이 어찌 목이 두 개인 장수가 아님에야 말할 수 있는 일일까.

양 난과 조선 백성

왜군의 침략과 극복

1592년 4월 13일 고니시가 이끄는 일본군 선봉대 1만 8000여 명은 700여 척의 병선에 나누어 타고 쓰시마 섬의 오우라 항을 출항하여 부산포로 쳐들어왔다. 임진왜란의 시작이었다. 이때 나라의 관문을 지키는 책임을 진 부산 첨사 정발은 이날 절영도에 사냥을 나갔다가 이 소식을 듣고서야 돌아왔다고 한다. 정발은 적과 싸우다 전사했고, 부산성은 함락되었다. 다음 날 일본군이 동래성을 공격하자 동래 부사 송상현은 군민과 더불어 싸웠으나 전사하고 동래성도 함락되었다. 그 후 후속 부대가 속속 조선 내륙에 상륙하여 조선을 침략한 일본군의 총병력은 20여 만 명에 이르렀다. 우리는 이리도 큰 국난이 오는 것을 왜 그렇게도 모르고 있었을까? 아니면 알고도 모른 채 하였던 것일까? 일본 사신으로 여러 차례 왕래한 신숙주가 죽을 때, 일본과 결코 사이가 나빠져서는 안 된다고 하였고, 율곡도 일찍이 환난을 예상하여 군사 10만을 길러 준비하자고 한 일이 있었다. 왜란 전에 일본 사신이 명나라를 칠 터이니 길을 빌려 달라며 여러 차례 조선에 왔다 갔다 하여 일본 사정을 알기 위해 보낸 사신의 눈에도 왜가 심상치 않음이 보였다.

동래부순절도_1592년 4월 15일 동래부에서 벌어진 전투 상황이다.

1587년 일본 전국을 통일한 도요토미 히데요시는 다이묘들의 불만을 잠재우고 경제적으로 국제 교역상의 불리함을 타파하기 위해 명나라 침입을 통한 체제 안정을 시도하게 된다. 하지만 당시 조선은 1567년 선조의 즉위를 전후하여 사림들의 동서 분당으로 정계가 시끄러웠으며, 권세가들의 세금 징수는 그 도를 넘어 민심의 동요를 가져왔다. 이와 함께 군제 부분에도 병농 일치제가 흔들렸고, 군역도 정상적으로 작동되지 않아 군사력도 약화되어 있었다. 일본 사신이 "명에 쳐들어갈 길을 빌리겠다." 라고 통고하자, 조정에서는 하삼도 각 진영에 무기를 정비하게 했는데, 오히려 각 도에서는 일어나지도 않을 왜란에 대비한다 하여 민폐를 야기한다는 원성이 제기되는 등 별다른 성과가 없었다.

일본 군은 가는 곳마다 대적이 없었다. 밀물같이 밀려드는 군대 앞에 우리네 백성들은 도망칠 곳도 없었다. 일본군이 한번 쓸고 간 자리는 피비린 냄새와 검은 재밖에 남는 것이 없었다. 이들은 부산에 상륙한 지 20일도 못되어 서울을 점령하였다. 이때 신립은 충주의 탄금대에서 배수진을 치고 싸웠으나 적을 막아 내지 못하고 투신하였다. 관군은 큰 전투를 한 번도 치르지 못하고 흩어져 달아났다. 도망하는 왕의 행렬에 백성은 돌을 던지며 그들을 탓했다. 평양, 함경도까지 침략하는 데도 많은 시간이 걸리지 않았다. 조선 8도 중에 일본군의 발밑에 밟히지 않은 곳이라고는 평양 이북의 서북쪽 한 모퉁이에 불과하였다. 부산 상륙 2개월 만에 전국토가 일본군에 유린되는 위기에 놓이게 된 것이다.

일본 수군은 남해와 서해를 돌아 육군에게 물자를 조달하면서 북상하는 작전을 세웠다. 이러한 전술은 바닷길을 차지해야만 가능한 전술인데, 7년 전쟁 동안 온 나라가 일본의 총칼에 유린되었으나 그 부대가 아무런 소득 없이 물러나게 된 것은 이 바닷길 하나를 얻지 못했기 때문이오, 그 생명선을 지킨 이는 바로 우리의 이순신 장군이었다.

이순신은 임진왜란 초기 옥포·사천·당포·당항포 해전을 거치면서 경

임진왜란 당시의 해전 상황

상도 가덕도 서쪽의 제해권을 완전 장악하였으며, 특히 견내량에 정박 중인 일본 함대를 한산도 앞바다로 유인하여 학익진으로 포위·공격한 한산도 대첩은 임진왜란 중에 조선군이 거둔 3대 승리의 하나로 꼽힌다. 이 활약으로 일본군의 수륙 병진 작전은 좌절되었고 전라도의 곡창 지대를 안전하게 지킬 수 있었다.

이순신 함대에 의한 제해권의 장악은 육지에서 활약한 의병들의 활동과 함께 불리했던 전세를 뒤바꾸는 데 결정적인 역할을 하였다. 의병들은 자신의 지역을 지키기 위해 봉기한 부대였으므로 향토 지리에 익숙하고 그에 걸맞은 전술을 사용하여 일본군에게 큰 피해를 주었다. 경상도의 곽재우, 전라도의 고경명·김천일, 충청도의 조헌, 경기도의 홍계남, 황해도의 이정암, 함경도의 정문부 등이 크게 활약하였다.

수군과 의병의 승전으로 조선은 전쟁 초기의 수세에서 벗어나 반격을 시작하였다. 아울러 명의 원군이 전쟁에 참전하면서 조선군과 연합 부대

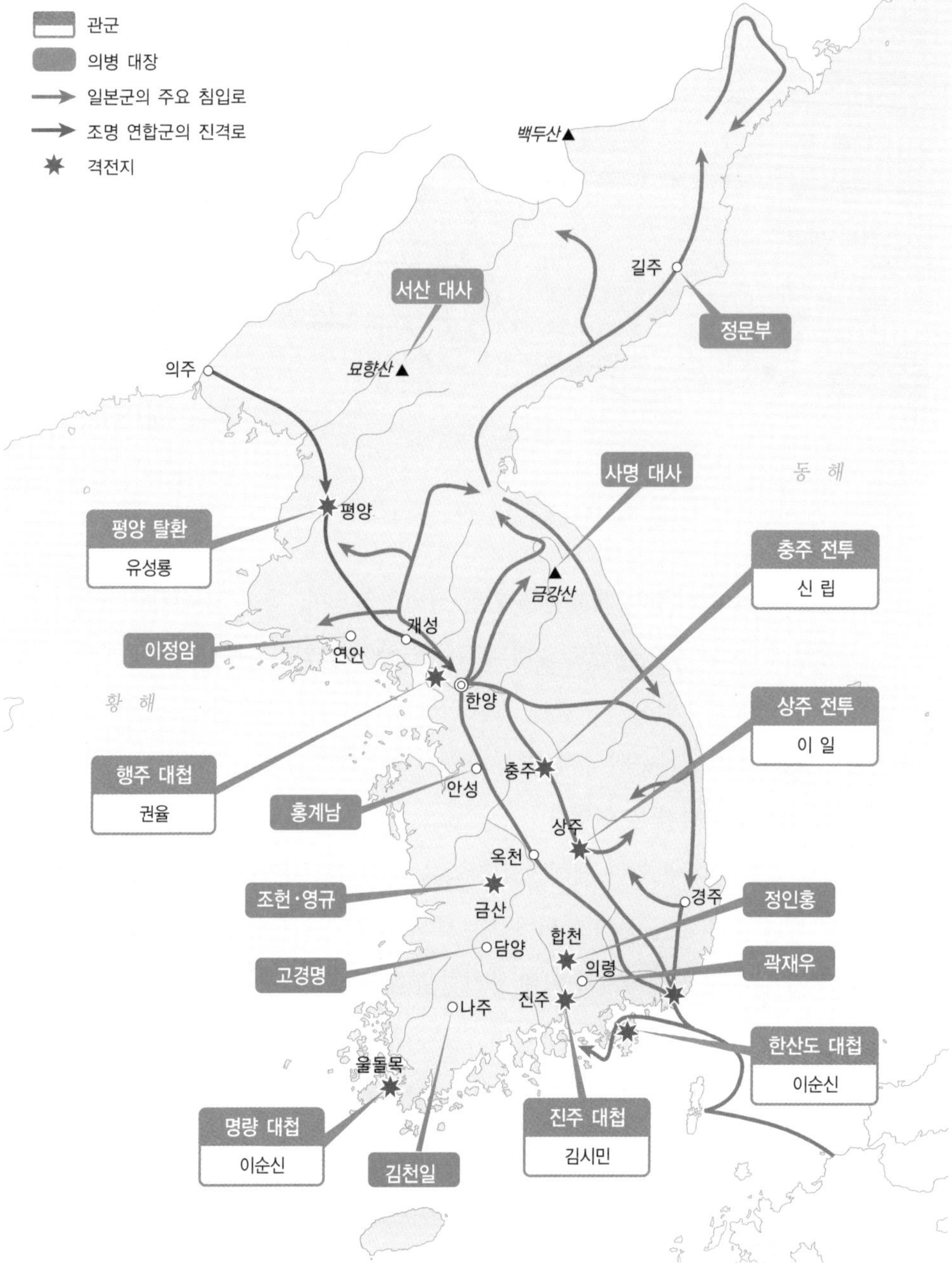
관군
의병 대장
일본군의 주요 침입로
조명 연합군의 진격로
격전지
백두산
길주
정문부
서산 대사
묘향산
의주
동 해
사명 대사
평양
평양 탈환
유성룡
충주 전투
신 립
금강산
개성
연안
이정암
황 해
한양
상주 전투
이 일
행주 대첩
권율
충주
안성
홍계남
상주
옥천
조헌·영규
금산
경주
정인홍
합천
담양
고경명
의령
곽재우
진주
나주
한산도 대첩
이순신
울돌목
명량 대첩
이순신
김천일
진주 대첩
김시민

관군과 의병의 활동

가 결성되었고, 평양성과 서울을 탈환하는 데 성공하였다. 이후 명과 일본군 사이에 휴전 협상이 진행되었으나 해결을 보지 못하고 결렬되자 일본군이 1597년 14만의 군대로 다시 침입해 오니 이를 정유재란이라 한다. 그러나 조명 연합군이 왜군을 직산에서 격퇴하고 이순신이 적 함선을 명량에서 대파하자, 왜군은 남해안 일대로 후퇴하였다. 왜군은 전세가 불리해졌고, 이후 도요토미 히데요시가 죽자 본국으로 철수하였다. 이순신은 명 수군과 함께 일본군의 퇴로를 차단하고 노량에서 최후의 일전을 벌였다. 이 전투에서 일본 함선 200여 척을 격침시키는 대승을 거두었으나, 이순신은 진사하고 말았다. 이 노량 해전을 마지막으로 일본과의 7년 전쟁은 모두 끝이 났다. 왜란으로 인해 조선은 말할 수 없는 비참함에 빠졌다. 전쟁으로 죽은 인명은 헤아릴 수 없고, 국토는 황폐화되었으며, 흉년과 전염병이 겹쳐 온 나라 백성들이 도탄에 빠졌다.

광해군의 중립 외교와 호란의 발발

임진왜란을 겪는 동안 조선과 명의 힘은 크게 약화되었다. 이 틈을 타서 압록강 북쪽에 살던 여진족이 누루하치 아래 후금을 건국하였다. 후금은 서쪽으로 세력을 확장하였고, 이어 명에 전쟁을 선포하였다. 이에 명은 조선에 원군을 요청하였고, 광해군은 명의 요구를 거절할 수 없어 강홍립을 도원수로 삼아 1만 3000명의 군대를 파병하였다. 하지만 강홍립은 후금에 적극적으로 항전하지 않고 시기를 보아 후금에 항복하였다.

강홍립의 항복은 광해군의 판단이었다. 광해군은 국내 상황이 어려운 현실에서 또 다시 전쟁에 온 힘을 기울이기 힘들다고 보고 새롭게 성장하는 후금과의 적대 관계를 맺지 않기 위해 명과 후금 사이에서 신중한 중립 외교 정책을 실시하였다. 광해군이 계속된 명의 원군 요청에도 적

강홍립의 투항_청나라의 『태조실록』 권5에 나온 판화이다.

절한 이유를 들어 거절하면서 후금과 친선을 꾀하는 태도를 보인 것도 실리 외교의 방책이었던 것이다.

광해군은 인조반정에 의해 왕좌에서 쫓겨난다. 그의 죄명은 두 가지이다. 하나는 친형인 임해군과 이복동생 영창대군을 죽이고, 계모인 인목대비를 유폐하여 인륜을 어겼다는 것이다. 또 하나는 전통적으로 우호 관계에 있는 명의 은혜를 배반하였다는 것이다. 하지만 이는 권력을 잡은 서인의 집권 명분을 세워 주기 위함일 뿐이지 광해군이 정말 물러날 만해서 물러난 것은 아니었다. 광해군을 쫓아내고 새로 왕위에 오른 인조와 서인 정권이 중립 외교 노선을 폐기하고 쓰러져 가는 명나라에 대한 의리를 고집하다가 결국 정묘호란과 병자호란을 당하여 국가와 백성을 도탄에 빠지게 하는 어리석음을 보인 것만 해도 그러하지 않는가. 무능한 쪽은 누구였는가? 광해군인가, 아니면 인조와 서인 세력이었나?

후금은 광해군을 위하여 보복한다는 명분을 내걸고 쳐들어왔다. 이른바 정묘호란이었다. 의주, 곽산, 정주, 안주가 차례로 함락되고 평양마저 함락되었다. 이에 부득이 굴복하여 형제의 의를 맺고 화의가 성립되었다. 지금껏 업신여겨 왔던 오랑캐에게 쓴맛을 보는 순간이었다. 그 후 후금은 세력을 더욱 확장하여 국호를 대청이라 고치고, 황제라 칭하며 조선을 향해서는 형제의 관계를 바꾸어 군신으로 하고 해마다 바치는 조공의 양을 늘리라 하였다. 조선 정부는 거부하였으며, 이에 청 태종이 스스로 10만을 이끌고 침략을 하였다. 이것이 병자호란이다. 청 태종은 불과 10일 만에 서울을 포위하였다. 인조는 남한산성으로 피난하여 청군에 대

남한산성

항하였으나, 결국 40여 일 만에 항복하고 말았다. 이에 임금 자신도 삼전도에서 항단을 쌓고 밑에 엎드려 신하의 예를 올리는 치욕을 당하고 말았다.

조선 후기 간도를 둘러싼 영토 분쟁

백두산 정계비는 1712년 숙종 38년에 조선 정부와 청 정부가 양국 영토의 경계를 구분하기 위해 건립한 비석이다. 조선은 세종 때에 4군 6진을 설치하였으나, 지형이 험하고 교통이 불편하였으며, 여진족의 침입을 방어하기도 불리하였으므로 세조에 이르러 4군을 폐지하였다. 이후 두 차례의 전란을 겪으면서 이 지역에 대한 정부의 관심이 작아졌다. 하지만 효종과 현종 대에 이르러 전란의 피해가 극복되자, 다시금 평안도와 함경도 북부 지역에 대한 관심이 살아났다. 특히 17세기 후반에 청과의 무역이 활발해지자, 이 지역의 국경선을 두고 청과 조선 정부 사이에 외교적인 분쟁이 일어났다. 청은 이 지역을 자신들의 발상지로 여겨 성역화함과 동시에 이곳에서 많이 생산되고 있던 산삼 등 특산물을 독점하지 위해 위하여 조선인들의 왕래나 이주를 금지하였다. 이러한 분쟁을 해결하고 백두산 일대의 경계를 확정하기 위해 청과 조선의 관리가 공동으로 조사하여 정계비를 세운 것이다.

정계비의 비문에는 "조선과 청국 양국의 경계를 동쪽으로는 토문강을, 서쪽으로는 압록강을 기준으로 삼아 설정한다."라는 내용이 담겨 있다. 그런데 훗날 이 문구에서 토문강의 위치에 대한 문제가 제기되었다. 사실 당시 정계비를 정한 양국 사신은 토문강이 두만강을 의미한다고 간주

백두산 정계비_조선사 편수회에서 1920년대 후반에 촬영한 사진으로, 이 비석은 1931년 만주 사변 당시 누군가에 의해 없어졌다.

하고 있었다. 청나라 사신 목극등이 토문강의 수원을 백두산 천지로 오인하여 토문강을 두만강으로 간주하였고, 이에 따라 경계를 설정하였던 것이다. 당시 경계를 정하는 데 참여했던 조선 관리들과 이후 조선 정부도 이 사실을 알게 되었지만, 이를 청나라가 알면 목극등이 견책을 받고 다른 청나라 사신이 왔을 때 혹여 강토가 축소될까 우려하여 이를 묵인하였다.

당시 조선인들은 백두산 정계비에 기재된 '토문강'을 실제 토문강이 아닌 현재의 두만강으로 인식하고 있었던 것으로 보인다. 숙종 시기 대신들의 인식에서도 그러했고, 이익의 『성호사설』이나 이긍익의 『연려실기술』 등의 저술에도 그런 생각들이 담겨 있다. 오히려 당시 조선으로서는 압록강과 두만강을 경계로 삼아 천지 이남을 조선의 경내로 하는 데 합의한 것을 매우 성공적으로 평가하고 있었다.

실제 정계비의 해석이 문제된 것은 1880년대 이후 고종 때에 와서이다. 청나라가 1880년 갑자기 토문강을 두만강으로 주장하고 간도 개척에 착수한다고 통보하자, 조선은 쑹화 강의 한 지류로 토문강이 있음을 기화로 간도에 대한 영유권을 주장하였다. 이는 청의 세력이 약해진 틈을 타 영토 확장을 꾀한 고종의 전략이었던 것이다. 이후 대한 제국으로부터 외교권을 박탈한 일본은 청나라와의 간도 문제 처리를 위하여 1907년 간도에 조선 통감부 간도 출장소를 설치하였는데 이는 오히려 일본이 조선 정부의 간도에 대한 입장을 인정하는 셈이었다. 이때 일본은 만주로 지배력을 확대하기 위해 간도를 청에 내어 주는 간도협약을 체결하였다. 이 협약은 우리 영토를 불법적으로 할양하는 것이었으나, 이로써 간도 지방은 중국의 영토로 편입되고 말았다.

오늘날의 우리 국토

우리 땅과 바다, 그리고 하늘

국토란 무엇인가?

국토(國土)는 국가의 주권이 미치는 영역으로 외부의 침입으로부터 보호되어야 할 배타적인 영역이다. 한자로 풀이하면 '나라의 땅'이라는 뜻이지만 땅만을 말하는 것이 아니라, 국경선을 통해 그 범위를 나타낸 영토(領土), 영해(領海), 영공(領空)으로 구성되어 있다.

국토는 항상 고정된 것은 아니다. 예를 들어 간척 사업이나 해수면 상승 등으로 영토가 변할 수 있고 그러면 영토를 기선으로 하는 영해나 영공도 따라서 달라지게 된다. 국토가 경제적 개념으로 사용될 때에는 국민 생산 활동의 기반을 뜻한다. 또한 국토는 국민의 생활 공간이자 삶의 터전이며 국가 구성의 기본 요소이다. 국토는 국가에 있어 국민이라고 하는 인적 자산의 존재와 함께 빼놓을 수 없는 개념이다. 국민과 국토의 어느 쪽이 빠져도 일반적으로 국가로서 인식되지 않는다. 국토는 지형,

우리 국토의 사계_왼쪽 위부터 차례로 봄–제주도, 여름–금산사, 가을–오대산, 겨울–탑골공원

기후, 생물과 같은 자연적 요소와 역사, 문화, 산업과 같은 인문적 요소로 구성된다. 국토에서는 광물 자원을 얻을 수 있으며, 농업을 행하고 음식을 얻거나 국민의 주거를 만들거나 혹은 공공의 이익을 위한 여러 가지 시설을 설치할 수 있다.

대한민국의 영토는 헌법 제3조에 "한반도와 그 부속도서로 한다."라고 규정되어 있다. 즉 우리나라 영토는 북쪽의 압록강과 두만강을 경계로 한 한반도와 3,400여 개에 이르는 섬이고, 영해는 기선으로부터 12해리에 이르는 바다이다.

우리 바다, 영해가 궁금해요

영해(領海)는 국제법상 개별 국가의 해안에 인접해 있고, 국가의 영역적 관할권 내에 있는 해양 지역을 말한다. 모든 국가에게 개방되어 있는 공해(公海)와는 다르며, 영역 내에 있는 호수·만·하구와 같은 내수와도 구별된다.

영해의 개념은 17세기 근대 국제법의 형성기에 있었던 해양의 지위에 관한 논의에서 시작되었다. 해양은 그 성격상 모든 사람들에게 개방되어야 한다는 원칙이 천명되었고, 연안국은 현실적으로 자국의 해안에 인접한 수역에 어느 정도 관할권을 행사해야 할 필요가 있다고 보았다. 논의 초반에는 2가지의 상이한 견해, 즉 관할권은 대포의 사정거리로 제한되어야 한다는 견해와 인접한 일정 거리의 연속선만큼 되어야 한다는 견해가 나타났고, 18세기 후반에 이 두 견해는 3해리(1해상 리그 또는 5.5km, 3.45마일)로 고정시킬 것을 제안한 절충안으로 통합되었다. 1793년 미국에서 중립안으로 3해리를 채택했고, 19세기에 많은 연안국들이 3해리의 경계를 인정했지만, 국제법의 일반적인 원칙으로서 인정되지는 못했다. 이러한 역사적 전개 과정 속에서, 영해에도 연안국의 주권이 미치는 것으로 확립되었다. 영해권은 타국의 상선에 대하여 무해 통항권(無害航行權)만을 인정한다. 무해 통항권은 잠수함이나 항공기에는 적용되지 않으며, 어업권(漁業權)도 포함되지 않는다. 영해의 범위에 관해서는 모든 국가에서 최소한 3해리를 인정한다는 원칙 이외에 그 밖의 일반적인 논의는 전개되지 않았다. 1960년대와 1970년대의 일반적인 추세는 12해리였으며, 그 이상을 주장하는 경우에는 일반적으로 다른 국가들의 강력한 반대에 직면했다.

엄격한 의미에서 규정되는 영해와는 별도로, 연안국들은 인접한 공해

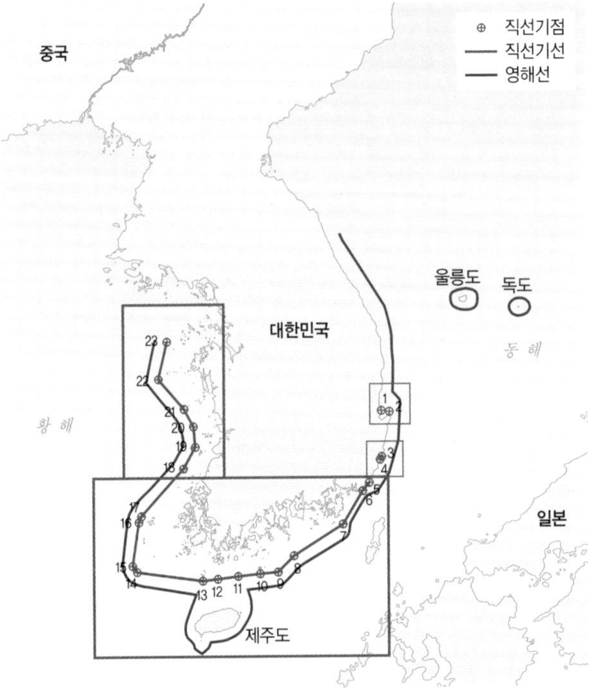

우리나라의 영해

지역에 대하여 영토 고권(領土高權)을 주장할 수는 없었지만, 하나 이상의 특별한 목적을 위하여 제한적이나마 관할권을 주장하곤 했다. 영해를 벗어난 6~12마일 지역에 대하여 일반적으로는 관세의 부과와 해상 오염의 방지를 위한 규제 조치가 주장되었으며, 자국 어업의 보호와 국가 안보를 위하여 관할권이 인정되기도 했다. 또한 1945년 이후 여러 국가들은 유용한 자원이 매장되어 있을 가능성이 많은 대륙붕에 대하여 권리를 주장하기 시작했는데, 그러한 주장이 영해 너머 공해의 지위에 영향을 끼치지 않고 대륙붕 자체에 한정되었을 경우에는 다른 국가에서 그다지 반대하지 않았다. 그러나 칠레·에콰도르·페루를 비롯한 몇몇 나라들은 대륙붕과 200해리에 상당하는 영해에 대한 관할권을 주장하여, 다른 나라

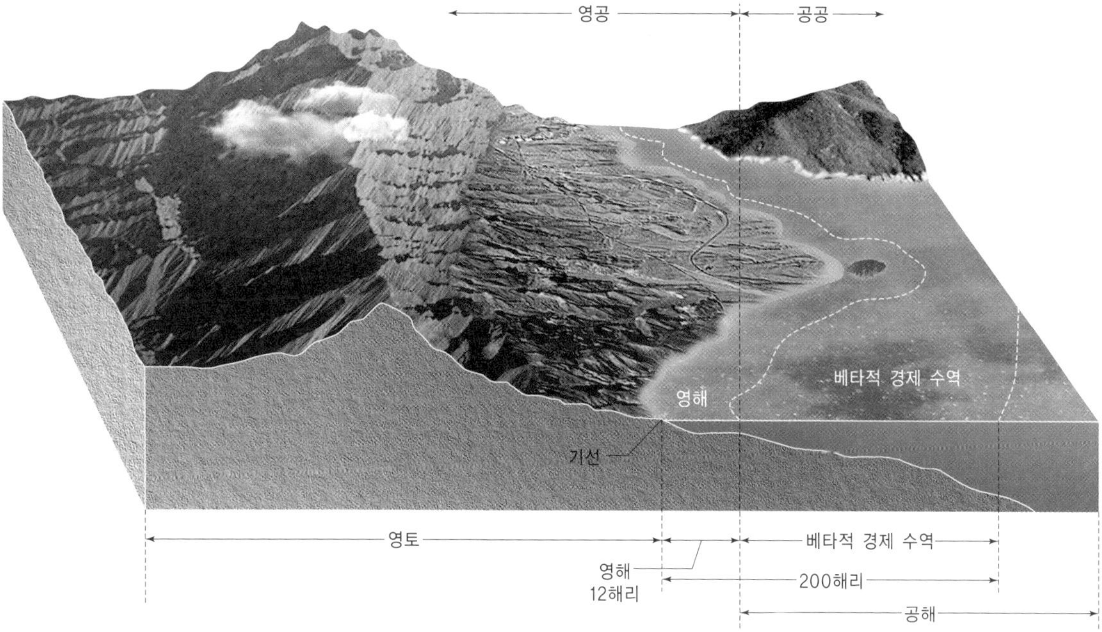

영해와 배타적 경제 수역

들로부터 영해의 범위로 인정할 수 없다는 극심한 반대를 불러일으키기도 했다. 1958년 제네바에서 86개국이 참석하여 유엔 해양법 회의를 개최했으며, 이 회의에서 영해의 법적 성질과 무해 통항권에 관한 일반 원칙을 천명한 협약이 채택되었다. 이 협약은 1964년에 발효된 이래, 1970년까지 거의 40개국에 비준받았다. 나아가 1982년에는 117개국이 보다 포괄적인 해양법 협약(Law of the Sea Treaty)을 체결하였다.

한국의 영해는 영해법(1977 : 법률 제3037호)에 따라 한반도와 그 부속 도서의 육지에 접한 12해리까지를 포함한다. 다만 영해법 시행령에 따라 대한 해협에 대해서는 일본과의 관계를 고려하여 잠정적으로 3해리까지만을 한국의 영해로 하고 있다. 또한 '대륙붕에 관한 조약'에 따라 한국

연안으로부터 수심 200m까지의 해저 대륙붕에서 천연자원을 개발할 수 있는 권리도 포함한다. 영해에서도 국가 권력은 그 상공·해상(海床) 및 해저 지하에 미친다(영해 및 접속 수역에 관한 조약 제2조). 한국의 영해에 대한 대한민국의 국가 권력은 국제법상의 무해 통항권 등에 의해서 제약을 받는 경우도 있으나 그것은 국제법상의 상호주의 원칙에 따라 한국의 영토고권의 본질이 침해되지 않는 범위 내에서만 허용된다.

우주 시대와 영공

영공(領空)이라 함은 국제법상 개별 국가의 영토와 영해의 상공으로서, 그 나라의 주권이 미치는 범위를 말한다. 영공의 범위에 대해서는 수평적 범위와 수직적 범위로 구분하여 살펴볼 수 있는데 수평적 범위는 영토 및 영해의 범위와 일치한다. 예를 들어 우리나라 영공의 수평적 범위는 대한민국 영토의 상부 공역으로써 한반도와 그 부속 도서 및 영해의 상부 공역이며, 영공의 북방 한계점은 한반도와 중국, 한반도와 러시아의 접경 지역 상부 공역이라고 할 수 있다. 그러나 수직적 범위의 영공은 우주 공간까지 포함할 수 있어 그 한계에 대해서는 영공 무한설, 인공위성설, 실효적 지배설 등 여러 학설이 있으며, 국제적으로 통일된 기준이 마련되어 있지 않다.

유엔 총회의 산하 기관인 '외기권의 평화적 이용에 관한 위원회(COPUOS)'에서는 지난 40년간 세 차례에 걸쳐 우주 공간의 평화적 이용 및 개발에 관한 회의(UNISPACE)를 개최하여 우주 이용에 관한 세계 각국의 입장을 조율하였으며, 하부 위원회인 법률 소위원회에서 회의의 내용을 바탕으로 우주 조약(1967년 발효)을 작성하였다. 우주 조약(달과 그 밖의 천체를 포함하는 우주 공간의 탐사 및 이용에 있어서의 국가 활동을 규제하는 원칙에 관한 조약)은 제2조에서 "달과 기타 천체를 포함한 외기권은 주권의 주장에 의하여 또는 이용과 점유에 의하여 또는 기타 모든 수단에 의한 국가 전용의 대상이 되지 아니한다."라고 하였으며, "개방되어 있고 개별 국가가 전유(專有)할 수 없다고 규정한 우주 공간(outer space)은 영공에 포함되지 않는다."라고 하였다. 이 조약에서처럼 상공을 대기권과 외기권으로 구분하여 영공은 대기권에 한정된 것으로 보는 견해가 일반적이지만 우주 공간이 시작되고 영공이 끝나는 고도가 명백하게 규정되지 않아서 이를 두고 논란이 계속되고 있다.

오늘날 영공은 국가 영역으로서 그 지위가 더욱 중요하게 되었는데 이는 항공 및 우주 산업의 발달이나 군사적인 이유, 그리고 환경 문제와 관련지어 생각해 볼 수 있다. 그중에서도 항공기와 인공위성의 급속한 발달은 영공의 상부 한계를 더욱 모호하게 만들고 있다. 각국이 앞다투어 우주 공간의 활용에 속도를 내고 있기 때문에 어느 시점에는 영공의 수직적 한계를 놓고 상당한 충돌이 발생할 수도 있다. 우주 개발과 우주 시대의 진전에 즈음하여 영공의 중요성이 부각되는 만큼 우리 국토의 한 축인 영공에 대한 관심도 잊지 말아야 할 것이다.

갈등의 씨앗, 영해

접속 수역을 말하다.

바다에는 국제 협약으로 '12해리 영해', '24해리 접속 수역' 그리고 '200해리 경제 수역'이 있는데, 12해리의 범위인 영해는 육지의 영토와 같은 개념이고, 24해리 접속 수역은 연안국이 '관세 · 재정 · 출입국 관리 · 보건'에 대해서는 경찰권을 행사할 수 있는 준 영토 개념이며, 200해리 경제 수역은 영토는 아니지만 다른 나라에 대해서 배타적으로 경제적인 독점권을 갖는 것을 말한다.

유엔 해양법 협약 제33조에 의하면 접속 수역(Contiguous zone)이란 영해에 접속해 있는 수역으로서 영해 기준선으로부터 24해리를 넘지 않는 범위에서, 그 영토 및 영해상의 관세·재정·출입국 관리·보건·위생 관계 등의 규칙 위반을 예방하거나 처벌하기 위하여 필요한 국가 통제권을 행사하는 수역이다. 이것은 공해와 영해의 중간에 위치하여 그 대립을 완화시켜 주는 기능을 하는 수역이라고 할 수 있다. 우리나라도 영해 및 접속 수역법(제3조의 2항)에서 "접속 수역의 범위를 영해 기선으로부터 측정하여 그 외측 24해리의 선까지에 이르는 수역에서 대한민국의 영해를 제외한 수역으로 한다. 다만, 대통령령이 정하는 바에 따라 일정 수역에 있어서는 영해 기선으로부터 24해리 이내에서 접속 수역의 범위를 따로 정할 수 있다."라고 정하고 있다. 우리나라의 접속 수역에서 관계 당국은 대한민국 영토 또는 영해에서 관세·재정·출입국 관리·보건·위생에 관한 대한민국의 법규를 위반하는 행위의 방지 및 위반하는 행위의 제재 시 법령이 정하는 바에 따라 그 직무 권한을 행사할 수 있다.

유엔에서 만들어진 해양법

'유엔 해양법 협약'은 해양법 분야를 규율하기 위하여 1982년 국제 연합(유엔)이 채택하여 1994년 발효된 국제 협약이다. 총 320개 조문, 9개의 부속서 및 4개의 결의로 구성되어 있다. 바다와 관련해서는 오랫동안 관습법 규칙을 적용해 오다가, 19세기 중엽부터 국제 사회의 변화와 기술의 발전에 따라 관습을 성문화하는 작업이 활발히 진행되었고, 이러한

유엔 본부(←)와 유엔기(↑)

추세에 맞추어 1930년 국제 연맹의 후원 아래 해양법의 성문화 노력이 진행되었으나 각국의 이해 상충으로 실패하게 되었다. 그 후 유엔의 노력으로 1958년 제1차 해양법 회의를 개최하여 '해양법에 관한 4개의 제네바 협약'을 체결하였다. 이는 '영해 및 접속 수역에 관한 협약', '공해에 관한 협약', '공해상의 어업 및 생물 자원의 보존에 관한 협약', '대륙붕에 관한 협약' 등을 내용으로 한다.

이러한 진전이 1982년 유엔 해양법 협약의 채택을 이끌어 1994년 11월 16일 발효하였으며, 우리나라에서는 1996년 2월 28일부터 효력이 발생하게 되었다. 주요 내용으로는 첫째, 영해·공해·대륙붕으로 구별된 과거의 해양 수역을 영해·대륙붕·배타적 경제 수역(EEZ)으로 구분한다는 것, 둘째, 배타적 경제 수역 내에서는 연안국이 모든 해양 자원을 개발할 수 있도록 제도화하겠다는 것, 셋째 심해저 자원은 인류의 공동 유산으로 규정하여 심해저 자원 개발 이익이 모든 국가에게 분배되도록 제도화하겠다는 것, 넷째 해양 조사는 과거 군사적, 경제적 목적에 의해 시행된 점을 보완하여 연안국의 동의를 얻어야 시행 가능하도록 하는 것, 다섯째, '국제 해양법 재판소'를 신설하여 해양 문제 관련 유권 해석과 해양 분쟁의 평화적 해결을 도모토록 하는 것 등을 주요 골자로 한다.

배타적 경제 수역을 둘러싼 갈등

최근 해양 자원의 중요성이 커지면서 각국은 배타적 경제 수역(Exclusive Economic Zone : EEZ)을 선포하는 등 넓은 해양을 확보하는 데 관심을 기울이고 있다. 배타적 경제 수역은 영해 기선으로부터 200해리(육상거리 370km)에 이르는 수역으로, 연안국이 수산물, 광물, 에너지 등 해양 자원에 대한 배타적인 권한이 있다. 영해 기선에서 200해리에 이르는 수역 중 영해를 제외한 부분이 해당된다고 할 것이다. 해양 자원에 대한 독점적 권한을 가지므로 경제적으로 가치가 높다.

유엔 해양법 협약에 따라 연안국은 수역 내의 해저, 하층토(Sub-soil)과 그 상부 수역에 있는 자원의 탐사, 개발, 보존 및 관리를 위한 경제적 활동에 관련한 모든 주권적 권리를 행사할 수 있다. 또 인공섬 등 시설물의 설치, 사용과 해양에 대한 조사와 환경 보존 등에 관한 관할권도 갖는다. 다만 어업 자원에 대해서는 연안국이 자국의 어획 능력을 넘는 잉여 자원에 대해 일정한 조건하에 타국의 입어(入漁)를 인정해야 한다. 그러나 영해와 같이 완전 배타적인 주권과는 달리 항해나 상공 비행의 자유, 해저 케이블, 파이프라인 부설의 자유 등에 대해서는 공해적 성격을 함께 갖는다. 배타적 경제 수역에 관한 협약 초안은 1982년 12월 제3차 유엔

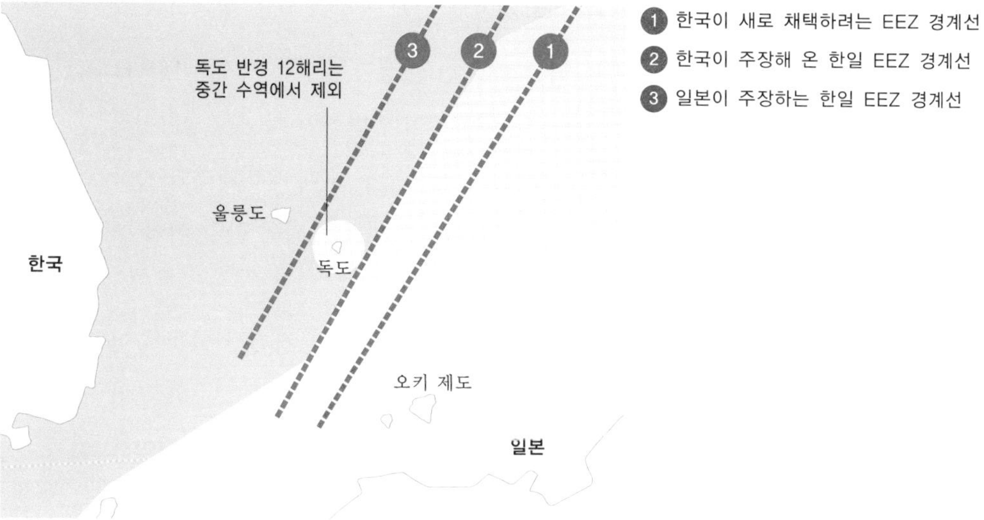

한일 양국이 각각 주장하는 배타적 경제 수역(EEZ) 경계선

해양법 회의에서 초안이 작성된 뒤, 1994년 11월 최종 협약이 공식적으로 발효되기에 이르렀다.

배타적 경제 수역으로 인하여 발생하는 권리에는 첫째, 어업 자원 및 해저 광물 자원 (해저의 상부 수역, 해저 및 그 하토층의 생물이나 무생물 등 천연자원)의 탐사, 개발, 보존, 관리를 목적으로 하는 주권적 권리, 둘째 해수, 해류, 해풍을 이용한 에너지 생산 등의 경제적 개발과 탐사에 관한 권리, 셋째, 인공섬 시설 구조물의 설치나 사용, 해양 과학 조사 및 해양 환경의 보호, 보전에 관한 관할권, 넷째, 해양법에 규정된 배타적 경제 수역에 대한 그 밖의 권리 등이 해당된다.

해양을 통해 인접한 국가 간에 배타적 경제 수역을 설정하는 경우 각국이 200해리 이상의 수역의 범위를 확보하고 있는 경우에는 문제가 되지 않겠지만, 각국이 200해리 이상의 수역을 확보하지 못하는 경우에 배타적 경제 수역을 설정하게 되면 배타적 경제 수역이 서로 중복되는 결과를 가져오게 된다. 따라서 해당 국가 간 분쟁이 발생할 여지가 있으므로 협정을 체결하여 해결책을 마련하는 것이 일반적인 국제적 경향이라고 할 수 있다. 우리나라의 경우에도 우리나라와 일본, 우리나라와 중국이 그러한 상황에 처하게 되었고, 이 문제의 해결을 위해 한일 어업 협정, 한중 어업 협정을 체결하였다.

한국과 일본 간에는 배타적 경제 수역 선포를 위한 경계선 설정이 어려워, 이를 대신하여 한일 어업 협정을 체결하였다. 이에 따르면 한국 어업 수역, 일본 어업 수역, 그리고 그 중간 수역을 설정하여 한국과 일본이 모두 이용할 수 있도록 하였으나 독도가 중간 수역에 편입되어 독도를 둘러싼 분쟁이 계속되고 있다. 한중 어업 협정에서도 배타적 경제 수역이 중첩되는 수역 중에서 중간 부분을 잠정 조치 수역, 과도 수역 등으로 지정하여 분쟁의 해결책을 마련하려 하였다.

속속들이 살펴보는 우리 땅 이야기

속 속 들 이　살 펴 보 는　우 리　땅　이 야 기

| 제2장 | 우리 영토였던 간도

간도는 어디에 있을까?

한국 · 중국 · 러시아의 사이에 낀 간도

"울릉도 동남쪽 뱃길 따라 이백리……." 우리나라 국민이라면 거짓말 조금 보태서 애국가처럼 많이 들어 보았을 노래이다. 또 이 노래는 묘하게도 애국심을 자극하는 마력이 있다. 위 소절은 노래 "독도는 우리 땅"의 맨 앞부분이다. 노랫말처럼 울릉도에서 동남쪽으로 떨어진 독도는 현재 대한민국 헌법상 우리 국토이다. 그렇다면 간도(間島)는 무엇일까? 독도와 비슷한 섬일까? 무언가 조금 어색하다. 이유가 무엇일까? 그렇다. 간도를 '무엇'이라고 물어보는 것이 어색한 것이다. 우리는 '무엇'에 앞서 그곳이 '어디'인지 알아야 한다. 독도만큼 집중을 받지 못했던 외로운 우리 땅 간도. 이곳은 독도와는 달리 오랜 시간 우리 선조들이 눈물과 땀방울로 직접 터를 닦아 온 곳이기에 더 관심을 가졌어야 했음에도 불구하고 우리의 기억 속에서 잊힌 곳이다. 여기에는 정치적, 사회적, 문화적 기타 여러 문제들이 복합적으로 작용했을 것이다.

반도국이라는 지리적 위치 때문에 우리나라는 과거에 주변 강대국 세력에 따라 많은 변화를 겪어 왔다. 현재가 아닌 과거를 되짚어 이야기하고자 하는 것은 사실을 바로 알기 위해서이다. 현재 양국(혹은 다국) 간의 문제가 발생하는 경우를 자세히 살펴보면 불명확한 역사적 사실이 원인이 되는 경우가 많다. 간도 지역도 마찬가지이다.

막연한 감성적인 민족주의 때문에 무조건 우리나라 땅이라고 외치기 전에 왜 그러한지 이유를 알아야 할 것이다. 그런데, 섣불리 우리나라 땅이라고 말하기 쉽지 않다. 왜냐하면 간도가 어디인지 모르기 때문이다. 간도에 대한 관심이 적었던 것도 이 이유 때문이다. 우리가 다른 지역에서 일어나는 많은 사건들에 관심이 없는 것은 그 사건이 '어디'에서 발생하는지 몰라 그 사건이 일어나는 곳은 나와는 관계가 없는 'somewhere', 즉 그 어딘가가 되어 버리기 때문이다. 하지만 그곳이 '어디'인지 알게 된다면 그 장소에 친숙함을 느끼게 되어 관심을 갖게 된다. 그곳이 '어디'인지 아는 것과 모르는 것은 사건을 이해하는 데 중요한 차이를 만든다. 그러므로 우선 간도의 위치가 어디인지 한 번 살펴볼 필요가 있다.

간도는, 한국과 중국의 합의된 의견은 없지만 주로 현재 북한과 중국의 경계선인 압록강과 두만강 북쪽의 만주 지역 일대를 의미한다. 국제관계에서 국경의 의미를 정확하게 규명한 것은 오래되지 않았기 때문에 간도 지역을 누가 언제 점령했느냐를 두고 한국과 중국 간의 다툼이 있어 왔다. 여기에 일본과 러시아까지 합세하여 간도의 영유권 문제가 복잡하게 진행되었다.

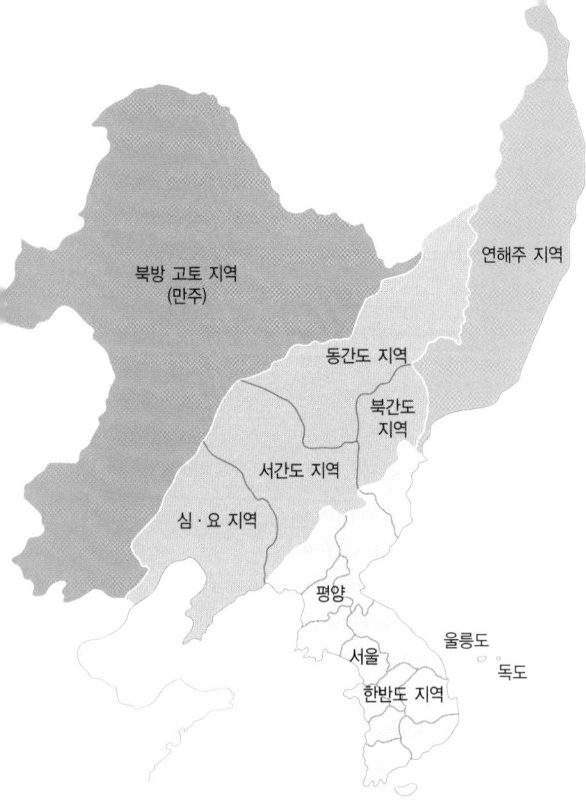

간도 지역

간도는 산하이관 이동에서 북쪽으로 유조변책을 따라 지린 성 북쪽의 쑹화 강선으로 이어져 헤이룽 강 이동의 옌하이저우를 포함한 지역이다.

1. 북방 고토 지역(B.C.2333~A.D.926)
   – 한(韓) 민족이 3300년 통치
2. 심 · 요 지역(1667~1845 봉금 실시)
   – 변책을 설치, 한족(漢族) 출입을 엄금함
3. 서간도 지역(1881 조선 봉금 해제)
   – 1700년부터 조선인 마을이 형성됨
4. 북간도 지역(1881 봉금 해제)
   – 1872년 동변도 개방 후 재중 동포 마을 형성
5. 동간도 지역
   – 1920년 로마 교황청 간도 지구를 한국령으로 표기
6. 연해주 지역
   – 1860년 베이징 조약으로 연해주를 러시아에게 불법적으로 넘겨줌

간도 땅과 사람들

현재 간도는 정식 지명이 아니다. 중국은 이 지역을 둥베이(동북, 東北) 지방이라고 부른다. 간도의 사전적인 정의는 중국 동북 지방 지린 성(吉林省) 동남부 지역으로 현재 주로 옌볜 조선족 자치주에 해당한다. 하지만 간도를 지칭하는 범위는 시대가 변하면서 축소되었다. 우리나라의 영향력에 따라서 간도의 범위가 변화되었던 것이다. 17세기까지만 해도 간도는 넓은 의미로 북간도, 동간도, 서간도를 모두 합친 지역이었다(위의 그림 참조). 동간도는 백두산 동쪽과 두만강 주변이며 압록강과 쑹화 강(松花江) 상류 지역의 백두산 서쪽을 서간도라 칭한다. 동간도는 노령산맥을

기준으로 노령산맥 동쪽을 동간도 동부(북간도), 서쪽을 동간도 서부라 부른다. 하지만 청의 세력이 강해지고 일제의 한반도 침략이 노골화되면서 간도 영유권 분쟁은 북간도 지역(옌볜 조선족 자치주 일대)에서만 이루어졌으며 현재까지 이어지고 있다. 서간도 지역의 대부분은 중국이 동북 공정을 통해 자신들의 역사로 편입시키려 하는 우리의 고구려·발해가 있었던 지역이다.

현재 북간도 지역은 우리 동포인 조선족이 다수 거주하는 곳이다. 중국에는 약 50여 소수 민족이 분포하는 데 그중에서도 조선족은 약 0.1%를 차지하고 있다. 중국은 소수 민족이 독립하게 될 경우 중국이 분열될 것을 우려하여 다양한 정책을 펼치고 있다. 대표적인 것이 소수 민족이 거주하는 지역을 자치주로 인정하고 그곳에 한족을 이주하여 소수 민족의 정체성을 약화시키는 정책이다. 조선족도 예외일 수 없다. 특히 조선족이 거주하는 주요 동북3성(헤이룽장 성, 지린 성, 랴오닝 성)은 지하자원이 풍부하고 러시아, 북한과 국경을 맞대고 있기 때문에 경제적·정치적으로 주요한 지역이다. 특히 우리나라가 통일을 이루게 될 경우 북한에서 많은 난민들이 인접한 이 지역으로 이주해 올 것이기 때문에 중국은 간도 지역이 조선족의 근거지가 될 것을 우려하고 있다. 따라서 간도 지역에 많은 한족을 이주하여 전체 거주 인구 중 조선족의 비중을 낮추고 후에 한반도가 통일을 하게 된다면 간도 지역을 포함하여 북한까지도 중국의 영토로 편입하는 것을 계획하는 것 같다. 또한 간도 지역은 과거 항일 운동의 근거지였던 선례가 있기 때문에 이를 사전에 저지하고자 하는 의도도 있는 것으로 보인다. 중국은 이 지역에서 독립의 바람이 불게 되면 미풍이 아닌 강풍의 소용돌이가 되어 중국 대륙을 뒤엎을 것이라고 우려하고 있다. 하지만 무엇보다도 조선족이 중요한 의미를 가지는 것은 국

옌볜 조선족 자치주

제법상 간도가 분쟁 지역이 될 경우, 이 지역에 거주하는 조선족의 의사가 가장 중요한 변수가 될 수 있기 때문이다.

간도라는 이름은 어디에서 왔나

정식적인 행정구역 명칭은 아니지만 통상적으로 사용되고 있는 간도의 지명은 같은 음이지만 그 뜻이 다른 다양한 한자어로 전해져 왔으며, 각 한자어에 따라 여러 가지 설이 있다.

우선 사이 간(間)을 사용하는 '간도(間島)'는 말 그대로 조선과 청의 사이 섬을 의미한다. 이 섬은 두만강과 압록강 중하류에 있는 하중도(河中島, 하천의 유속이 느려지거나 유로가 변경되는 경우 운반하던 모래나 자갈 등을 퇴적하여 생긴 섬으로 우리나라 여의도, 밤섬 등이 대표적인 예이다)로 조선인이 개간한 지역을 일컫는다. 초기에는 섬에 정착하지 않고 농사를 지을 때만 배를 타고 섬으로 이동하였던 것으로 보인다. 하중도는 하천이 운반한 퇴적물로 이루어져있기 때문에 토양이 비옥한 편이다. 따라서 함경도 및 평안도 주민들은 이 지역에서 농경을 시작하였다.

두 번째 간도(墾島)의 뜻은 '개간할 간'자를 사용하여 간도 지역 일대를 조선인이 옥토로 개간하였다는 것을 의미한다. 간도 지역에서 논농사(수전 농업)가 시작된 것도 한민족의 농경 문화가 전파되었기 때문이다. 조선인이 이주하기 이전에 이 지역은 수렵과 유목이 주된 생계 유지 수단이었다. 하지만 조선인이 이주해 오면서 수전 농업이 발달하였고 이는 곡물 생산에 비약적인 발전을 가져왔다.

정말 신기하게도 똑같은 땅이지만 누군가는 수렵과 유목을 하고 누군가는 벼농사를 한다. 이는 그 민족의 문화 때문인데, 이를 문화 결정론이라고 한다. 논농사는 여름철 기후가 고온 다습해야 가능하다. 이때 벼 이삭이 무럭무럭 자라 수확이 가능한 것이다. 따라서 우리나라보다 더 고온 다습한 중국 화남 지방이나 동남아시아 지역에서는 벼농사를 1년에 2번하는 이기작이 행해지기도 한다. 세계 주요 식량 작물은 쌀, 밀, 옥수수이다. 이 중 쌀은 다른 식량작물에 비하여 단위 면적당 재배되는 수확량이 가장 많다. 즉 인구 부양 능력이 큰 작물이기 때문에 인구가 밀집된 지역에서 많이 재배된다. 하지만 안타깝게도 쌀은 재배하기가 굉장히 까다로워서 기후와 지형의 영향을 많이 받는다. 한편 밀은 쌀보다는 기후에 저항하는 능력이 크기 때문에 보다 건조하거나 서늘한 기후에서도 잘 재배가 된다. 반건조 사막 기후나 북부 냉대 지역에서 밀이 재배가 되는 것도 같은 이치이다. 따라서 밀로 만든 빵은 세계 각국에서 많이 볼 수 있지만 쌀로 만든 밥을 먹는 곳은 한정될 수밖에 없는 것이다.

이런 수전 농업 때문에 간도 지역의 조선인들은 더 잘 뭉칠 수 있었다. 왜냐하면 벼농사를 하기 위해서는 많은 노동력이 필요하여 공동체의 관계가 중요했기 때문이다. 과거 두레나 품앗이를 통해 농사일을 도왔던 것을 생각하면 쉽게 이해가 될 것이다.

'역사를 빛낸 백 명의 위인들'이라는 노래에 "만주 벌판 달려라 광개토 대왕…."이라는 구절이 나온다. 이처럼 간도 지역은 우리의 역사가 숨 쉬고 있는 고토(古土)이다. 하지만 뒤에서 보게 될 여러 가지 이유로 인해 관심을 받지 못했다. 물론 광개토 대왕이 지배하던 시절의 한민족은 오랜 시간이 지나면서 다른 민족과 동화되었겠지만 불과 200여 년 전까지지도 이 지역은 현재 중국 내 조선족의 조상들이 손수 가꾼 곳으로서, 우리에게 의미 있는 곳이다. 더 이상 모른 척 하지 말고 관심을 갖고 지켜보자.

중국의 소수 민족과 조선족

중국의 정확한 인구 조사는 평생 해도 어려울 것이라는 말이 있다. 워낙 광활한 영토에 많은 인구가 있다 보니 생겨난 말이다. 국력은 인구에서 나온다는 마오쩌둥의 다산 장려 정책에 힘입어 높은 인구 성장률을 보였던 중국은 1980년대부터 1가구 1자녀 갖기 등 강력한 산아 제한 정책을 시행하여 2004년에는 출생률이 1.8명으로 낮아졌다.

현재 중국의 인구는 약 13억 4000만 명이다. 이 중 약 92%가 한족이다. 나머지 8%는 약 55개의 소수 민족이 차지하고 있다. 중국 내 가장 많은 소수 민족은 좡족(壯族)으로 현재 광시좡족 자치구에 약 1700만 명이 거주하고 있다. 이 지역은 탑카르스트(석회암이 빗물에 녹아 형성된 지형)로 유명한 구이린(桂林) 등의 관광지가 개발되어 관광 수입이 많은 곳이다. 가장 적은 소수 민족은 뤄비족(珞巴族)으로 약 2,300여 명이 분포한다.

조선족은 200만 명으로 중국 인구 중 약 0.1%를 차지하며 주로 우리나라와 인접한 동

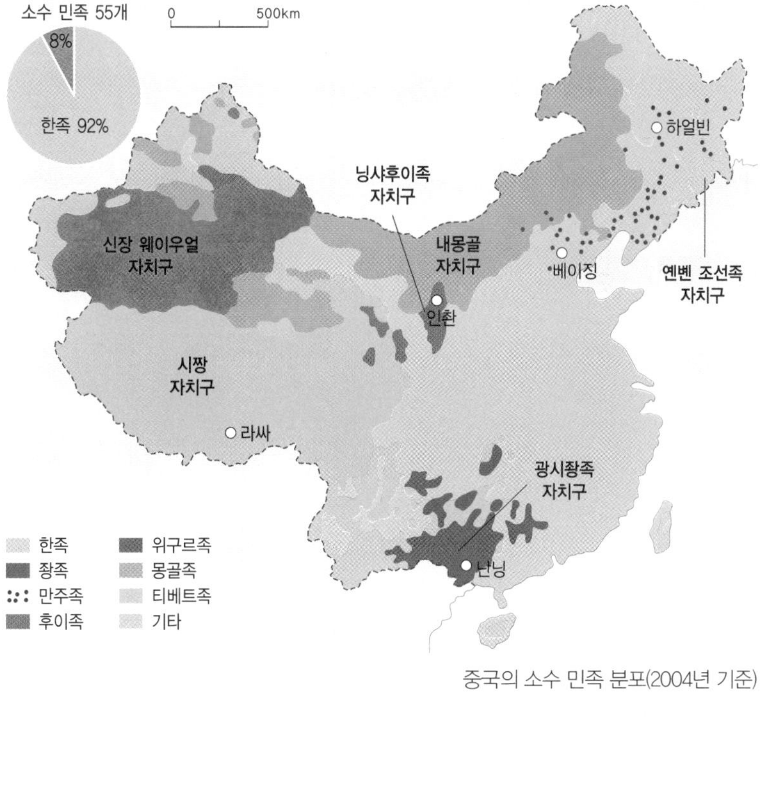

중국의 소수 민족 분포(2004년 기준)

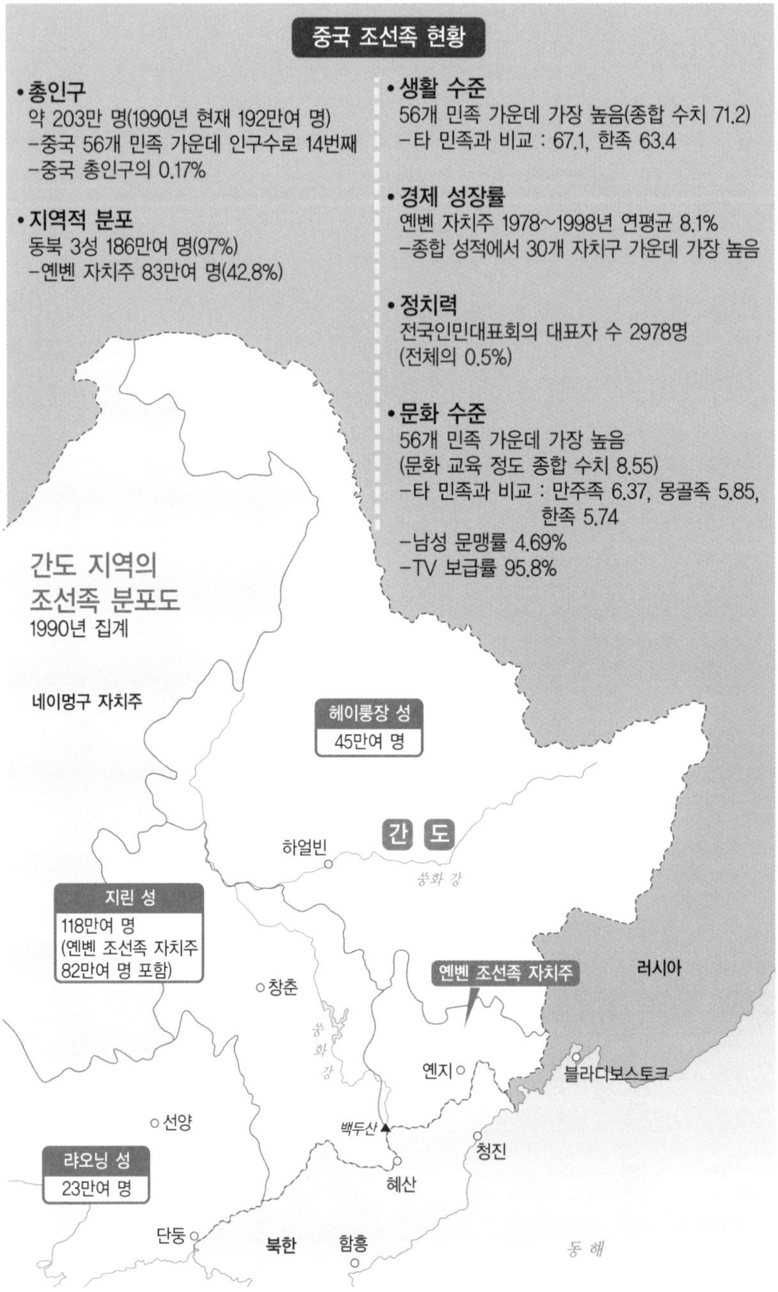
중국 조선족 현황
•총인구
약 203만 명(1990년 현재 192만여 명)
–중국 56개 민족 가운데 인구수로 14번째
–중국 총인구의 0.17%
•지역적 분포
동북 3성 186만여 명(97%)
–옌볜 자치주 83만여 명(42.8%)
•생활 수준
56개 민족 가운데 가장 높음(종합 수치 71.2)
–타 민족과 비교 : 67.1, 한족 63.4
•경제 성장률
옌볜 자치주 1978~1998년 연평균 8.1%
–종합 성적에서 30개 자치구 가운데 가장 높음
•정치력
전국인민대표회의 대표자 수 2978명
(전체의 0.5%)
•문화 수준
56개 민족 가운데 가장 높음
(문화 교육 정도 종합 수치 8.55)
–타 민족과 비교 : 만주족 6.37, 몽골족 5.85, 한족 5.74
–남성 문맹률 4.69%
–TV 보급률 95.8%
간도 지역의
조선족 분포도
1990년 집계
네이멍구 자치주
헤이룽장 성
45만여 명
간 도
하얼빈
쑹화 강
지린 성
118만여 명
(옌볜 조선족 자치주
82만여 명 포함)
창춘
옌볜 조선족 자치주
러시아
쑹화 강
옌지
블라디보스토크
선양
백두산
청진
랴오닝 성
23만여 명
혜산
단둥
북한
함흥
동해

조선족 분포 및 간도 일지

북 지역에 분포한다. 이를 동북 3성이라 하는데 랴오닝 성, 지린 성, 헤이룽장 성을 의미한다. 이 중 가장 많이 분포하는 곳은 지린 성을 중심으로 하는 옌볜 조선족 자치주이다. 1992년 한·중 수교 이후 많은 조선족 동포가 한국으로 코리안 드림을 꿈꾸며 이주하고 있다. 또한 우리나라의 많은 기업도 문화와 언어가 비슷하고 한국보다 저렴한 지가와 임금 때문에 생산 공장을 동북 지역에 이전하거나 건설하고 있다.

중국은 소수 민족의 중국 대륙 내 독립을 막기 위하여 자치권을 부여하는 등 많은 회유책을 사용하고 있다. 왜냐하면 소수 민족은 중국 전체 인구의 8% 정도밖에 되지 않지만 이들이 중국 내에서 차지하고 있는 면적은 약 64%로 만약 소수 민족이 독립하게 되면 영토 손실이 크기 때문이다. 또한 소수 민족이 분포하는 지역은 대체로 지하자원이 풍부하거나 전략적으로 중요한 요충지기 때문에 중국은 소수 민족의 독립을 막으려고 한다. 표면적으로는 자치권을 부여하여 소수 민족의 정체성 및 자율성을 인정하는 듯 보이지만 중국은 약 92%를 차지하는 한족을 이들 지역으로 이주시켜 소수 민족의 순수성과 정체성을 약화시키는 정책에 더 심혈을 기울이는 것 같다. 즉 소수 민족의 문화가 한족의 문화로 동화되도록 유도하는 것이다. 대표적인 곳이 바로 시짱(티베트) 자치구이다. 이 지역에 자치권을 부여하고 베이징에서 티베트의 주도인 라싸를 연결하는 칭짱 철도를 개설하여 많은 관광객을 불러들여 수입을 증가시켰다. 하지만 늘어난 관광 수입과 한족의 이주로 이곳의 우수한 유적과 티베트 민족 고유의 정체성이 파괴될지 모른다는 우려의 목소리가 커지고 있다.

서로 다름을 인정하고 공유하는 것. 그것이 중국이 소수 민족 정책을 펼치면서 가장 중시해야 할 부분일 것 같다.

우리 삶의 기반이었던 간도

간도, 그곳에서 우리의 흔적을 찾다!

간도는 왜 우리의 땅일까? 왜 우리의 땅이라고 주장해야만 하는 걸까? 단순히 우리의 영토를 확장시키기 위해서? 이유는 간단하다. 당연히 우리 민족이 오래전부터 거주하며 뿌리를 내려왔기 때문이다. 간도 지역이 우리의 땅이라는 것을 증명하기 위해 여러 측면에서 함께 알아보자.

앞서 보았던 위치를 다시 한 번 살펴보자. 현재 간도 지역은 한국, 중국, 러시아가 접해 있는 곳이다. 이처럼 성격이 다른 세력이 접해 있는 곳은 다툼이 벌어지기 마련이다. 그리고 세력이 강한 국가의 입김이 세져 국경 변화가 나타난다. 그곳이 매력적인 장소라면 다툼은 더욱 더 빈번할 것이다. 안타깝게도 간도 지역이 그렇다. 간도 지역은 대륙과 바다를 이어 주는 관문 역할을 하며 이는 대륙 진출을 목표로 하는 섬나라 일본, 부동항을 노리는 러시아, 이들의 세력을 최소화하기 위한 중국 모두에게 중요한 지역이었을 것이다. 또한 이 지역은 다소 지세가 완만하고 토양이 비옥하여 수확이 많은 곳이다. 더군다나 조선인이 간도 지역에 정착하면서부터 그동안 밭농사로 일관하던 이 지역에 농업 혁명이 일어나 단위 면적당 수확량이 많은 논농사가 행해지게 되었다. 물을 끌어다 쓰는 수전 농업은 당시로서는 획기적인 농업 방식이었다. 또한, 금, 철광석 등 각종 지하자원이 풍부한 곳이기 때문에 경제적으로나 전략적으로 놓치고 싶지 않을 만한 곳이다. 역시나 매력이 넘치면 주변에서 가만두질 않나 보다. 그것이 사람이건, 땅덩어리이건 간에 말이다.

옛 지도로 본 간도

이처럼 매력적인 지역이 문제가 된 것은 불분명한 국경 때문이었다. 국경이 확실했다면 문제가 되지 않겠지만 측량술 발달이 미약했던 과거에는 여기까지는 너희 땅, 여기부터는 우리 땅, 하면서 정확한 국경을 정하기가 어려웠기 때문에 과거의 국경은 현대와 같은 '선(線)'이 아닌 '면(面)'에 가까웠다. 따라서 국경 지역에는 완충 지대 내지는 중립 지대가 존재할 수 있었다. 이 지역은 국경이 접한 국가 중 어떤 국가의 소유 지역도 아닌 말 그대로 '중립' 지역이었던 것이다. 당시 고지도를 살펴보면, 재미있게도 시대의 흐름에 따라 이해관계 때문에 조선과 청나라의 국경선이 지도상에서 변화하는 것을 알 수 있다. 하지만 중립 지대의 범위는 의견이 분분한 상황이다. 고지도는 당시의 불분명한 상황을 나타내 주는 중요한 자료이다. 특히 서양의 고지도는 의미가 큰데 동양보다 선으로서의 국경의 개념이 먼저 발달하였고 제3자의 입장에서 객관적으로 표현할 수 있었기 때문이다. 하지만 역시 지도의 표현은 이해 당사국을 대변

1737년 당빌이 제작한 조선 전도_『황여전람도』의 동판본을 참조로 한 지도책인 『신중국 지도총람』에 수록되었다. 색은 후대에 손으로 칠한 것이며 지역 구분은 점선으로 되어 있다.

할 수밖에 없다. 그렇기 때문에 청이 강성한 강희제 때 만들어진 지도는 더 중요하다. 조선과 청나라간의 국경 문제에 일본이 개입하게 되는 19세기 말~20세기 초부터는 간도의 범위가 극히 축소되는 것을 알 수 있다. 몇 가지 의미 있는 지도를 살펴보도록 하자.

1737년 프랑스의 당빌(Jeam-Baptiste Bourguig D'anville)이 제작한 지도를 보면 조선의 영역이 현재의 국경선(압록강–두만강)보다 더 북쪽 지역인 간도 지역을 포함하는 것을 알 수 있다. 이 지도가 의미를 갖는 또 다른 이유는 청의 강희제 때 제작된 "황여전람도"(1717년 간행)를 토대로 만들어졌

1747년 토머스 키친의 관동성 및 고려국 지도_토머스 애슬리의 제42권에 수록되었다. 지역 구분은 점선으로 표시되어 있다.

1749년 독일의 과학자 요한 토마스 마이어가 제작한 지도 일부_1732년 당빌의 지도를 편집한 지도로 색은 후대에 손으로 칠한 것이다. 압록강과 두만강 건너 북쪽까지 평안도와 함경도의 영역으로 표시되어 있다.

1895년에 제작된 지도 일부_
왕립 스코틀랜드 지리학회의
학회지에 만주 지방의 지역 보
고서와 함께 수록되었다.

기 때문이다. "황여전람도"는 강희제가 보다 명확한 국경을 책정하기 위해 프랑스 선교사 장 레지스(Jean Baptiste Régis) 등을 통해 중국 전역을 조사하여 제작한 지도이다. 따라서 이 지도는 객관성을 가진 공식적인 지도라고 할 수 있다. 이 지도에서 간도 지역은 분명 조선의 영토로 표시되어 있다.

또한 앞의 두 지도(1747년, 1749년 지도)에 나타나듯이 당시의 조선과 청나라의 국경은 간도 지역을 포함한 것이었다.

위의 지도는 1895년에 만주 지역 선교사였던 존 로스(John Ross)의 보고서를 바탕으로 그린 지도이다. 앞의 지도와 달리 백두산 서쪽은 현재와 같이 압록강이 국경이다. 하지만 백두산 동쪽은 동간도 지역을 포함하여 국경을 표시하고 있다. 지도만으로 19세기 말엽에 이르러 간도 지역의 영유권 논쟁이 심해진 것을 알 수 있다. 하지만 조선의 국력이 날로 약해질 시기였기 때문에 영유권 분쟁에서 큰 목소리를 낼 수 없었을 것을 감안해야 할 것이다.

청의 유조변책과 간도 문제

역사적으로 간도 지역은 고조선 시대부터 이어져 온 우리 민족의 영토이다. 우리 민족의 기원인 고조선의 『단군고기(檀君古記)』에 표현된 백산흑수(白山黑水)도 백두산과 흑룡강을 말하는 것이고 만주 벌판을 달린 고구려나 해동성국이라 불린 발해국의 영역을 보면 알 수 있듯이 오랫동안 이 지역은 우리의 영토였다. 고구려를 계승하여 이름 지은 고려 시대의 윤관이 과거 고구려와 발해 영역이었던 만주 지역에 살던 여진족을 물리치며 설치한 9성 중 공험진에 있는 선춘령비의 위치를 보더라도 이 지역은 우리나라 영토였음이 틀림없다. 하지만 이것만으로 간도 지역의 영유권을 주장하는 것은 아니다. 이 지역의 영유권을 주장하는 이유는 한민족(韓民族)에게 민족의 기원이 되는 중요한 성지이기 때문이다. 대한 제국 시대에 일본의 침략 이후 애국지사들이 항일 운동의 근거지로 간도 지역을 정한 이유도 이러한 사실과 관련이 있을 것이다. 이후 간도 지역은 조선뿐만 아니라 청나라에게도 항일 운동의 핵심지가 되었다.

17세기경 만주에 흩어져 있던 여진족은 세력을 강화하며 1616년 후금을 건국하고 세를 확장한 1636년에 청으로 국명을 바꾸었다. 청의 태조(누르하치)는 왜란 때 조선에 원병을 제안할 만큼(비록 조선 정부가 거부하였지만) 친조선적인 인물이었던 반면 뒤 이은 태종은 친명 정책을 펼치는 조

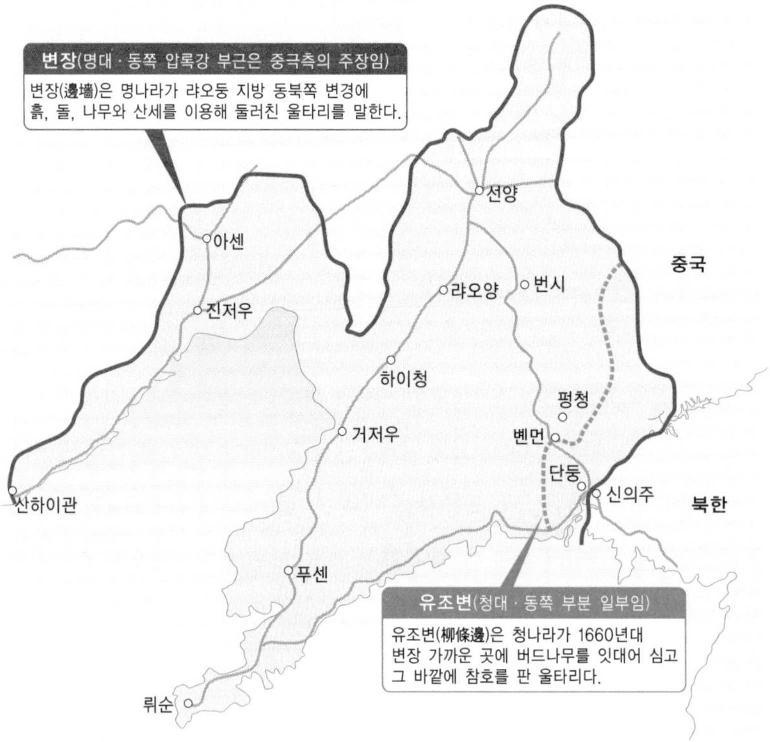

중국 랴오둥 지역의 변장(명대)과 유조변(청대)

선을 눈에 가시처럼 여겼다. 왜냐하면 당시 청은 중국 본토에 들어서기 위해서 명을 공격해야만 했는데, 이에 앞서 배후를 위협하는 조선과의 관계를 정립할 필요가 있었기 때문이다. 따라서 청과 조선의 대립은 피할 수 없었고 크게 두 번의 전쟁을 치르게 된다. 조선은 이 두 번의 전쟁, 즉 정묘호란(1627)과 병자호란(1636)에서 연달아 청에 패하면서 군신 관계를 맺게 된다.

정묘호란 이후에 강화도에서 맺은 강도회맹으로 조선과 청의 최초의 국경선 설정 논의가 이루어졌다. 하지만 국경의 범위가 명확히 제시되지 않아 현재는 기록된 사료들을 가지고 추측할 뿐이다. 분명한 것은 조선과 청나라 양국의 합의하에 봉금 지역을 설정했다는 사실이다. 봉금 지역의 범위는 아직까지도 논란이 많으나 이 지역은 양국의 국경에 접하여 양국민이 혼재할 경우 충돌이 예상되기 때문에 설정하게 된 것이다.

청은 세력이 강해져 결국 중국 본토를 점령하기에 이르렀다. 만주 지역에서 중국 내륙인 중원으로 만주족이 이주해 가면서 본래 거주하던 지역이 텅 비게 되자 청은 명나라의 변장을 이어 유조변책(柳條邊柵, 주변에 버드나무로 울타리를 만들고 좁은 연못을 만듦)을 설치하게 된다. 궁극적인 목적은 청나라의 발상지가 한족의 이주로 변화되는 것을 원치 않았기 때문이다. 즉 유조변책은 한족의 이주를 금하려는 것으로서 국경선으로 보기에는 어렵다. 이때 조선 측의 경계는 압록강이었으나 청국의 경계는 명확하게 하지 않았다. 아무리 양국이 형제 관계라 하더라도 '우리는 안 지켜도 너희는 꼭 지켰으면 좋겠어'라는 청나라의 조선에 대한 태도를 알 수 있는 부분이다.

봉금 정책과 조선인의 간도 이주

정묘호란 이후 청의 조선에 대한 내정 간섭이 심해지면서 조선은 점차 청을 배척하게 된다. 이러한 조선의 태도가 마음에 들지 않았던 청은 사죄하라고 조선에게 요구하지만 조선은 이를 받아들이지 않는다. 이에 대한 보복으로 12만 대군을 앞세운 청군은 한성까지 진격해 온다. 결국 조선은 청군에게 포위당하여 항복하게 되었는데 이를 병자호란(1636~1637)이라 한다. 병자호란 결과 조선과 청국의 관계에서는 크게 두 가지의 변화가 일어났다. 첫 번째는 그 동안 형제였던 조선과 청나라가 군신 관계로 변화했다는 것이다. 양국의 상하 관계와 위계질서가 더욱 뚜렷해진 셈이다. 세상의 중심을 중국으로 보았던 중화 사상에 의하여 우리나라는 중국의 신하국이 된 것이다. 두 번째는 국경선의 개념 변화이다. 정묘호란에 의해 설정된 봉금 지역의 청 쪽의 경계는 명확하지 않았다. 하지만 청은 병자호란 이후 청 쪽의 봉금 지역 경계를 명확히 하였다.

여기서 분명히 해 두어야 할 것은 양국이 합의하에 봉금 지역을 정했다는 점이다. 봉금 지역은 말 그대로 출입을 금한다는 뜻이다. 조선과 청국 양측의 합의하에 양국의 국민들이 들어오지 못하도록 한 것이다. 양국의 충돌을 막기 위해서는 당연한 일이었을 것이다. 하지만 이 땅은 그 누구의 땅도 아니다. 마치 현재 우리나라와 북한 사이에 있는 비무장지대(DMZ)처럼 말이다. 그러나 후에 세력을 더욱 넓인 청나라는 일방적으로 봉금을 해제하고 몰래 몰래 이 지역에 거주하던 조선인들을 조선으로 돌려보내거나 중국으로 귀화시키는 정책을 펼친다. 이 지역은 분명 그 누구의 땅도 아니었음에도 청에서는 일방적으로 이 지역을 청국의 땅으로 만들었다. 물론 봉금 지역에 조선인이 거주한 것은 양국의 협약을 어긴 것으로 볼 수 있을 것이다. 유래 없는 가뭄과 세도 정치에 월경한 함경도와 평안도 주민들이 대부분이었다. 물론 조선 조정에서는 이를 엄격하게 금지하였으나 배고픔이 월경죄보다 더 무서웠기에 그 수가 해마다 늘어나 손쓸 수 없게 된 것이다. 청나라 주민들 역시 이 지역에 거주하였는데 그 수는 조선인보다는 적었다. 지형적인 조건상 조선에서 간도로 이주해 가는 것은 압록강이나 두만강만 넘으면 되는 것이어서 쉽지만 청나라에서 간도로 오는 길은 산세가 험하여 어렵기 때문이다. 하지만 봉금 지역의 약속을 공식적으로 깨트린 것은 청나라였다. 뒤에서 설명하겠

청의 유조변책과 예상 봉금 지역

지만 청은 1712년에 이미 백두산 정계비를 통해 조선과의 국경선을 명확히 하고자 하였다. 이에 백두산에 정계비를 세워 국경을 설정하였는데 여기에는 백두산 서쪽으로는 압록강을 동쪽으로는 토문강을 조선과 청국의 경계로 한다고 쓰여 있다. 이렇다면 조선 주민들이 이주한 북간도 지역은 청국도 인정한 조선의 영토이므로 거주가 불법이 될 수 없을 것이다. 이 문제는 뒤에서 자세히 다루도록 하겠다. 이 지역이 중시되는 이유는 청국과 조선의 발상지라 민족의 성역으로 신성시하기 때문이다. 또한 토양이 비옥하여 인삼 등 특용 작물이 잘 자라고 산림의 벌목이 쉽기 때문에 경제적인 이득이 많은 지역이다. 따라서 조선이나 청의 국민의 월경이 끊이지 않아 많은 논란이 있게 되었다.

조선인의 간도 이주는 크게 두 가지로 나눌 수 있다. 배고픔에 월경한

1870년대와 한일 합방 이후 항일 운동의 근거지로서 이주한 1900년대 이후이다. 1870년대 이후 조선인의 간도 이주가 늘어나자 조선 정부에서는 이 지역에 관료를 파견하고 조선의 함경도와 평안북도 관할 내로 편입하기에 이른다. 이후 토지 및 호적 대장을 만들어 관리하였다. 1905년 을사늑약 이후 항일 운동이 가속화되면서 한반도 내에서는 일본의 감시망에 어려워지자 지리적으로 인접한 간도 지역으로 독립 운동 열기가 옮겨지게 된다. 1908년에 12만 명이었던 간도 인구가 광복 직전에는 216만 명이었던 것을 보면 쉽게 짐작할 수 있다.

간도와 항일 운동 역사

계절이 지나가는 하늘에는
가을로 가득 차 있습니다.

나는 아무 걱정도 없이
가을 속의 별들을 다 헤일 듯합니다.

가슴 속에 하나 둘 새겨지는 별을
이제 다 못 헤는 것은
쉬이 아침이 오는 까닭이요,
내일 밤이 남은 까닭이요,
아직 나는 청춘이 다하지 않은 까닭입니다.

별 하나에 추억과
별 하나에 사랑과
별 하나에 쓸쓸함과
별 하나에 동경과 별 하나에 시와
별 하나에 어머니, 어머니

어머님, 나는 별 하나에 아름다운 말 한 마디씩 불러봅니다.
소학교 때 책상을 같이 했던 아이들의 이름과
패, 경, 옥, 이런 이국 소녀들의 이름과,
벌써 아기 어머니 된 계집애들의 이름과
가난한 이웃 사람들의 이름과,
비둘기, 강아지, 토끼, 노새, 노루,
'프랑시스 잼', '라이너 마리아 릴케',
이런 시인의 이름을 불러봅니다.

이네들은 너무나 멀리 있습니다.
별이 아스라이 멀 듯이

어머님,
그리고 당신은 멀리 북간도에 계십니다.
나는 무엇인지 그리워서
이 많은 별빛이 내린 언덕 위에내 이름자를 써 보고
흙으로 덮어 버리었습니다.

딴은 밤을 새워 우는 벌레는
부끄러운 이름을 슬퍼하는 까닭입니다.

그러나 겨울이 지나고 나의 별에도 봄이 오면
무덤 위에 파란 잔디가 피어나듯이
내 이름자 묻힌 언덕 위에도
자랑처럼 풀이 무성할 거외다.

위의 시는 누구나 잘 아는 민족 시인 윤동주의 "별 헤는 밤"이다. 갑자기 윤동주 시인의 이야기를 꺼내는 것은 윤동주 시인의 생가가 있는 곳이 현재 옌볜 조선족 자치주의 룽징

윤동주 시인 생가

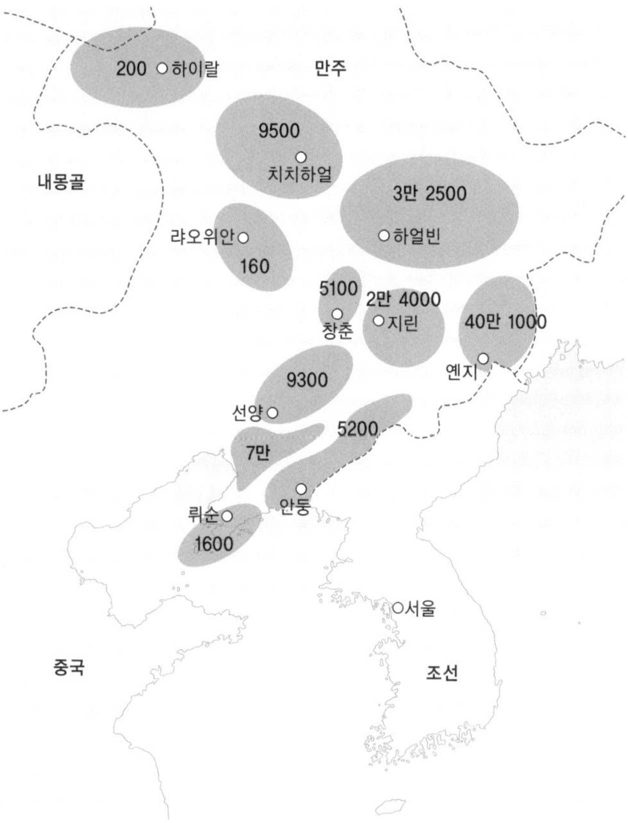

20세기 초 만주 한인 이주 현황

(龍井)이기 때문이다. 이 지역에는 명동촌(明東村)이라는 집성촌이 형성되었다. 이 지역은 한 가지 특이한 점이 있다. 바로 뜻이 있는 사람들이 힘을 모아 집단적·계획적으로 건설한 촌락이라는 점이다. 우리나라는 예나 지금이나 교육열이 매우 뛰어난 민족임은 틀림없는 것 같다. 왜냐하면 조국을 떠난 타국살이가 어려웠음에도 불구하고 마을이 형성되기도 전에 공동 부담으로 학전(學田)을 마련할 만큼 교육에 열정을 보여 명동 학교가 설립되었기 때문이다. 명동 학교는 시인 윤동주가 다닌 학교이자 우리 민족에게 역사적으로 큰 의미가 있는 곳이다. 한때 버려져 있던 명동 교회, 명동 학교, 윤동주 생가는 현재 복원되어 많은 관광객들이 다녀가고 있다.

이처럼 간도 지역은 과거에는 농경을 위해 이주한 경우가 많았지만 국력이 기울어지면서 항일 운동 기지로서의 역할을 하게 되었다. 특히 국가를 빼앗긴 1910년부터 1920년까지는 애국지사들이 나라를 되찾기 위해 피나는 열정과 노력을 바친 곳이다. 일본은 중국 대륙을 침략하려는 목적을 가지고 있었기에 간도 지역을 조선의 영토로 사수하고자 했으나 그보다는 간도를 만주 지역을 침략하는 전진 기지로 삼는 것이 더 유리했기에 뒤에서 언급할 간도 협약을 통해 간도 지역을 청에 할양하게 된다. 그 대가로 일본은 만주 지역 일대의 철도 부설권과 탄광 채굴권을 청으로부터 얻었다. 이때부터 일본은 간도 지역의 지배를 실질적으로 하고자 신민 보호라는 명목 하에 조선인들을 만주 지역으로 대거 이주시킨다. 이때 조선인의 이주 범위가 과거 압록강변에서 두만강변 혹은 그 내륙으로 확대되었다. 현재 동북 3성이라 일컬어지는 이 지역은 산업화를 꿈꾸고 전쟁을 준비하는 일본에게는 더할 나위 없이 좋은 땅이었다. 우선 풍부한 철광석과 석탄이 있어 중화학 공업과 군수 산업이 발달하기 유리했고 철도를 건설할 수 있었기 때문이다. 하지만 일본이 간과했던 것이 있다. 이처럼 만주 지역에 조선인들이 많이 거주하게 되자 자연스럽게 반일 감정이 나타나게 되었고 본토에서의 일본 감시를 피해 이 지역에서 항일 운동이 시작되었던 것이다. 당시 청나라도 일본에 좋지 않은 감정이 있었기 때문에 가능했던 것이기도 했다. 신민회(新民會)는 이 지역의 대표적인 독립 운동 기지로서 우리나라 독립

촨커우 마을의 위치와 사이섬 표지석의 모습

운동에 큰 역할을 하였다. 1919년의 3·1운동은 독립에 대한 열망과 사기를 간도 지역에 불어넣는 계기가 되어 많은 독립 운동이 간도 지역에서 일어났다. 간도 지역의 조선인 항일 운동을 막고자 진격한 일본군과의 대립이 봉오동 전투와 청산리 전투였다. 이 두 싸움에서 독립군이 대승을 거두게 되면서 우리나라는 독립에 한걸음 다가갈 수 있었다.

월편에 나붓기는 갈대잎가지는
애타게 내 가슴을 불러야 보건만
이 몸이 건느면 월강죄란다.

기러기 갈 때마다 일러야 보내며
꿈길에 그대와는 늘 같이 다녀도
이 몸이 긴느면 월강죄란다.

–비석 뒤에 새겨진 구전 가요

2002년 옌볜 지역 한국인 관광객을 대상으로 마을 사람들이 만들었던 투먼(圖們) 시 촨커우(船口) 마을의 사이섬 표지석은 1년도 되지 않아 중국 당국에 의해 철거되었다. 위의 노랫말은 사이섬 비석 뒤에 쓰여 있는 구전되는 노랫말로 당시 간도 지역 사람들의 고된 상황을 잘 표현하고 있다.

빼앗겨 버린 우리 땅 간도

조선과 청의 치열한 국경 논쟁

간도의 영유권 분쟁에 대해 자세히 알기 위해서는 간도 지역과 관련된 국가들을 순서대로 파악해 보는 것이 좋을 것 같다.

첫 번째는 조선과 청국의 분쟁이다. 조선과 청국이 한 간도 지역에 대한 논의는 크게 세 가지로 나누어 볼 수 있다. 시대 순으로 나열하면 봉금 지역 설정, 백두산 정계비 설립, 1·2차 감계 회담이다.

봉금 지역 설정

앞에서 밝힌 것처럼 봉금 지역은 조선과 청의 정묘호란 이후에 생기게 되었고 병자호란으로 그 경계가 더욱 명확해졌다. 봉금 지역은 양국의 주민들의 출입과 거주를 금하는 중립 지역 혹은 완충 지역이다. 중립 지역 혹은 완충 지역이 무엇인지 예를 들어 살펴보자. 우리나라 휴전선(군사 한계선)을 중심으로 남과 북에 각각 2km씩 설치된 비무장 지대(DMZ)가

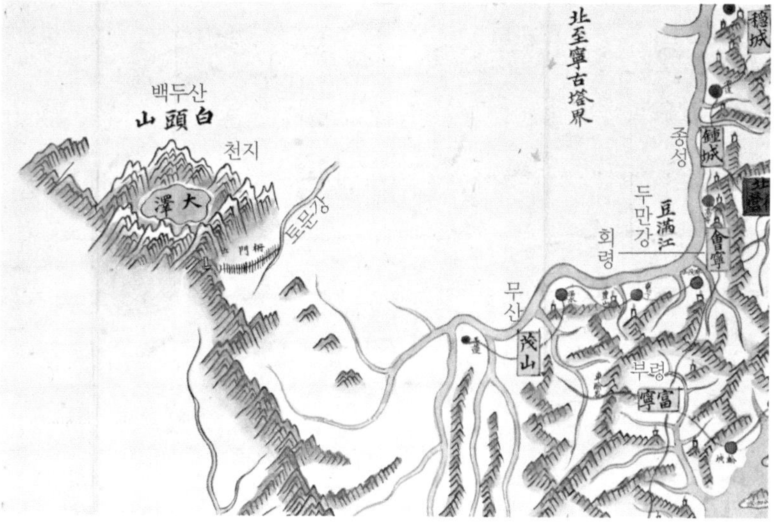

1790년대 여지도_표시된 부분을 보면 토문강과 두만강은 다른 것임을 알 수 있다.

바로 현대판 중립 지역이다. 이 지역은 현재 남한과 북한 그 어느 국가의 땅도 아니다. 이처럼 국경을 마주하고 있는 곳에는 군사적인 이유로 완충 지역을 두는 곳이 더러 있다. 즉 조선과 청이 국경을 마주한 당시에는 간도 지역은 국적에 관계없이 함께 공유하는 지역이었다. 그러나 병자호란 이후 조선과 청의 관계가 군신 관계로 변하면서 청은 간도 지역을 자신들의 영토로 인식하게 되었다. 그리고 이후에 조선인의 간도 지역 거주가 증가하면서 청은 일방적으로 봉금 지역을 해제하기에 이르렀다.

토문강이 어디냐, 백두산 정계비의 설치

국경선 논의의 두 번째 쟁점은 바로 백두산 정계비이다. 백두산 정계비는 1712년 청의 강희제의 명을 받아 목극등이 세운 것으로 현재 간도 영유권 문제에서 가장 핵심이 되는 부분이다.

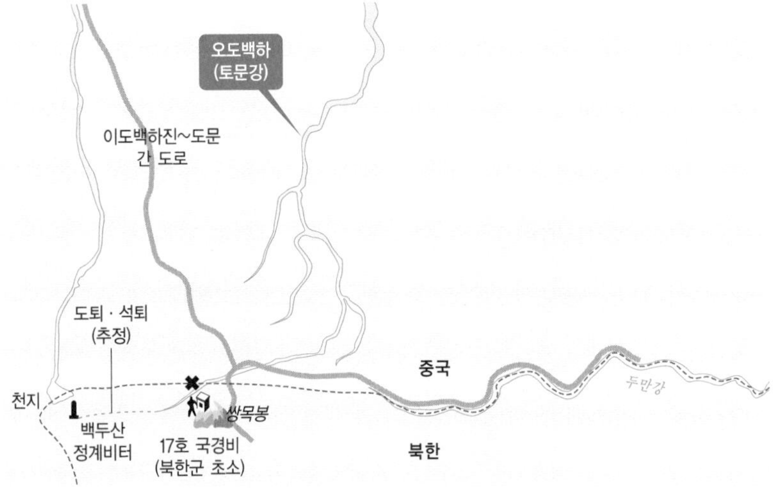

현재의 토문강

백두산 정계비는 1711년 조선인 이만기가 월경해서 청국 관리를 살인한 사건이 발생하여 국경선 설정의 중요성이 커지면서 세워졌다. 조선과 청의 국경선 설정에서 특히 문제가 되는 곳이 백두산 일대였기 때문에 양국이 이 지역을 답사하기로 하였는데, 목극등 일행은 나이가 많다는 이유로 조선 대표의 동행을 거부하고 청나라 대표들만 백두산 일대를 답사하였다. 목극등은 백두산 천지를 둘러싼 봉우리 중에서 두 국가의 자연적인 경계물로 강을 선정하였다. 따라서 백두산에서 흘러가는 두 강의 발원지라 여겨지는 지점에 정계비를 세웠다. 이것이 '백두산 정계비'로서 "서쪽으로는 압록강, 동쪽으로는 토문강을 경계로 삼는다[서위압록(西爲鴨綠) 동위토문(東爲土門)]."라는 내용을 담고 있다. 그리고 물줄기가 뚜렷하지 않은 곳은 돌이나 흙으로 담을 쌓아 경계를 표시하였다. 백두산은 화산 지형으로 지표수가 부족하다. 지하에 있던 용암이 지표로 나와 냉각되어 굳는 과정에서 틈(절리)이 생기게 된다. 따라서 화산 지형에는 하천이 지

大清

烏喇總管穆克登奉
旨查邊至此審視西爲鴨綠東
爲土門故於分水嶺上勒
石爲記
康熙五十一年五月十五日
筆帖式蘇爾昌通官二哥
朝鮮軍官李義復趙台相
差使官許樑朴道常
通官金應瀗金慶門

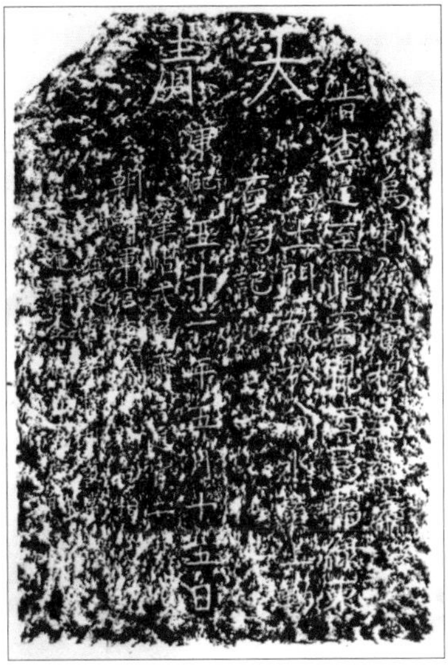

백두산 정계비 탁본

표로 흐르지 못하고 아래로 흐르는 복류(伏流)천이 많다. 우리나라의 제주도가 화산 지형으로 하천이 복류하여 지표수가 부족한 대표적인 지형이다. 백두산 서쪽의 압록강은 그 유로가 대체로 선명하지만 동쪽으로 흐르는 유로는 복류천이기에 유로를 인위적으로 표시할 필요가 있었다. 따라서 목극등은 백두산 천지에서 동쪽으로 흐르는 물줄기의 상류 부분을 흙이나 돌, 나무로 쌓아 표시할 것을 조선에 요청하였다.

백두산 정계비는 만주 사변(1931) 이후 일본이 비석을 제거하여 현재는 남아 있지 않다. 조선 대표와의 동행을 거부했던 목극등은 청국에 유리한 내용을 비문에 넣고자 했지만 여기에 실수가 있었다. 비문에 적힌 '토문강(土門江)'이 문제였는데, 토문강은 목극등이 예상한 것처럼 두만강(豆滿江)의 지류가 아닌 쑹화 강의 지류였기 때문이다. 두만강은 백두산에서 동쪽으로 흘러가는 강이고 쑹화 강은 백두산에서 북쪽으로 흘러가는 강

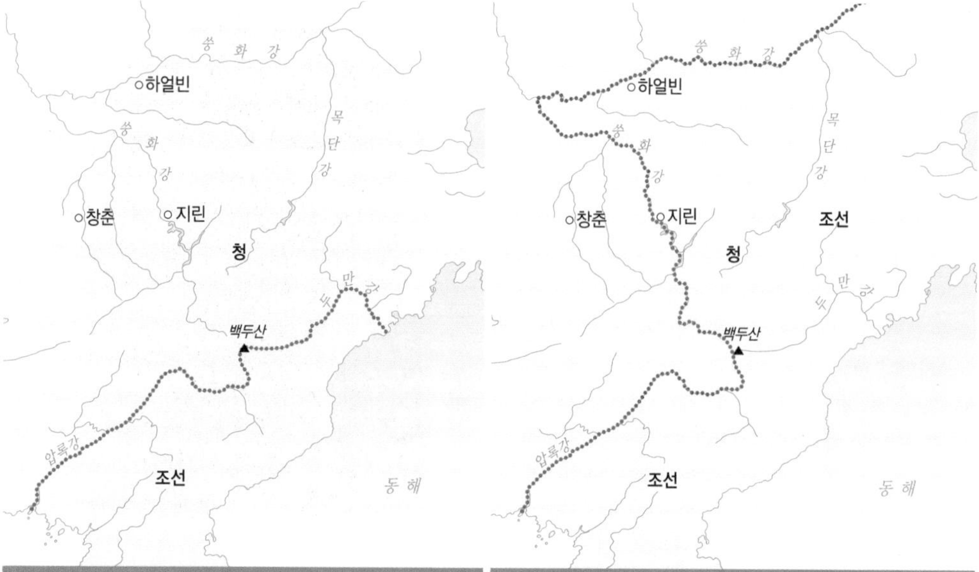

백두산 정계비의 '토문강=두만강' 일때 조 · 청 국경선

백두산 정계비의 '토문강=쑹화 강' 일때 조 · 청 국경선

토문강 해석에 따른 조선과 청의 국경선

이다. 즉 두 강이 흘러가는 유로가 전혀 다르다. 따라서 조선과 청국은 이 문제로 길고 긴 논쟁을 벌이게 된다(1867~1881). 청국은 토문강을 중국어 음이 비슷한 두만강이라고 주장하였고 조선은 쑹화 강의 상류 지류인 토문강이 맞다고 주장하였다. 동쪽의 경계가 두만강이 되는 것과 쑹화강이 되는 것은 면적에 큰 변화를 가져오기 때문에 양쪽은 첨예하게 대립하였다. 하지만 청의 세력이 강한 당시에 조선의 주장을 일관되게 관철시키기란 매우 어려웠을 것이다. 하지만 조선 정부는 끝까지 이 지역의 영유권을 주장하였다.

양국의 국경을 논하는 비문이지만 조선 대표를 배제하였기 때문에 비문에는 조선 대표의 서명이 없다. 따라서 자연스럽게 비석에는 청의 국명만 있고 조선의 국명은 없다. 이 점 때문에 백두산 정계비가 국경비로서 의미가 있는가에 대한 논쟁이 있다. 따라서 중국에서는 이러한 이유 때문에 백두산 정계비를 국경비로서 인정하지 않았다. 중국 입장에서 백두산 정계비는 골칫덩어리일 것이다. 이 국경비가 효력을 잃게 된다면 토문강이 두만강이든 실제 토문강이든 관계없이 중국의 논리를 펼칠 수 있다. 또한 중국은 현재 동북 공정을 준비하면서 만주 지역을 중국의 역사로 편입시키기 위한 다양한 근거와 자료들을 준비해 왔기 때문에 국경비로서의 백두산 정계비가 인정되지 않는다면 중국이 굉장히 유리하게 된다. 하지만 역사는 거짓을 말하지 않는 법이다. 자신에게 유리하면 취하고 불리하면 버릴 수 있는 성격의 것이 아니다. 더 냉정하고 객관적인 시각에서 이 논쟁을 바라봐야 하는데 역사적 사실을 인정하지 않다 보니 어설픈 반박이 꼬리에 꼬리를 무는 것은 아닌가 하는 생각이 든다. 위의 지도에서 보면 알 수 있듯이 두만강일 때와 토문강일 때의 영토의 차이는 크다. 이 백두산 정계비는 당시에는 모르다가 약 150여 년이 지나서 다시 문제가 되기 시작하였다. 뒷마무리가 깔끔하지 못했기 때문이다.

외세의 압력 속에서도 지속된 간도 영유권 주장

세 번째 조선과 청의 국경선 대립은 1·2차 감계 회담으로 나타났다. 1869년부터 1870년에 걸친 가뭄으로 백성들의 생활은 날로 피폐해져 갔다. 여기에 조선 내부에서는 각종 민란이 발생하고 관료들의 수탈이 심해지면서 백성들은 기회의 땅 간도로 이주하기 시작했다. 처음에는 월경을 엄격하게 금지했던 조선이었지만 점차 이를 인정하고 관료를 파견하여 관리하기 시작했다. 이에 청국은 1867년부터 1881년까지 봉금을 해제하였고 간도 지역에 집거하는 조선인들을 조선으로 송환 조치하고자 하였다. 하지만 청국의 조사 결과 너무 많은 수의 조선인이 거주하고 있었기에 송환이 어렵다고 판단되어 변발을 하고 청국으로 귀화할 것을 요구하였다. 하지만 간도에 거주하던 조선인들은 이에 반발하고 직접 조선과 청의 국경을 알아보고자 백두산 일대를 답사하게 되었다. 백두산 정계비에 적힌 "서위압록, 동위토문"의 토문이 두만강이 아닌 토문강임을 알게 되었고 이 사실을 조선 정부에 알려 진상 규명을 요청하였다. 당시 청나라와 사대 관계를 맺고 있으면서 국경 회담을 진행하기란 매우 어려웠을 것으로 예상된다. 모두 2차례에 걸쳐 회담이 진행되었는데 워낙 양측의 대립이 심하여 확실한 결과는 얻지 못하고 결렬되었다.

1차 회담은(1885) 을유 감계 회담이라고 불리는데 청은 애초에 백두산 정계비를 무시하고 두만강이 명확한 국경선이며 두만강의 상류의 세 지류인 홍토수, 홍단수, 서두수 중 어느 강을 경계로 삼을지 논의하자는 입장이었다. 당초 청나라는 세 지류 중의 가장 남쪽에 있는 서두수를 주장하였으나 조선은 이를 받아들이지 않았다. 조선은 백두산 정계비를 직접 탐사하여 경계를 가리자고 하였으며 만약 백두산 정계비의 위치가 중국이 주장하는 것처럼 압록강과 토문강이 나뉘는 지점에서 굉장히 멀리 떨어져 있다면 중국의 입장을 받아들이겠다고 주장하였다. 하지만 중국은 백두산 정계비는 조선에서 유리하게 옮겼으며 국경비로서 효력이 없다고 반박하였다. 이에 조선은 백두산 정계비를 옮긴다는 것은 가당치도 않으며 설사 옮겼다 하여도 백두산 정계비의 동쪽에 쌓은 석퇴나 토퇴 위에 자란 나무들에 대한 설명이 불가능하다고 주장하였다. 1차 회담은 이렇게 양국의 입장이 첨예하게 대립되어 결국 결렬되었고, 2년 뒤 1887년에 다시 정해 감계 회담을 하게 되었다. 하지만 사대 관계를 빌미로 청나라는 입장의 변화를 보이지 않았다. 당시 갑신정변과 임오군란에 청국

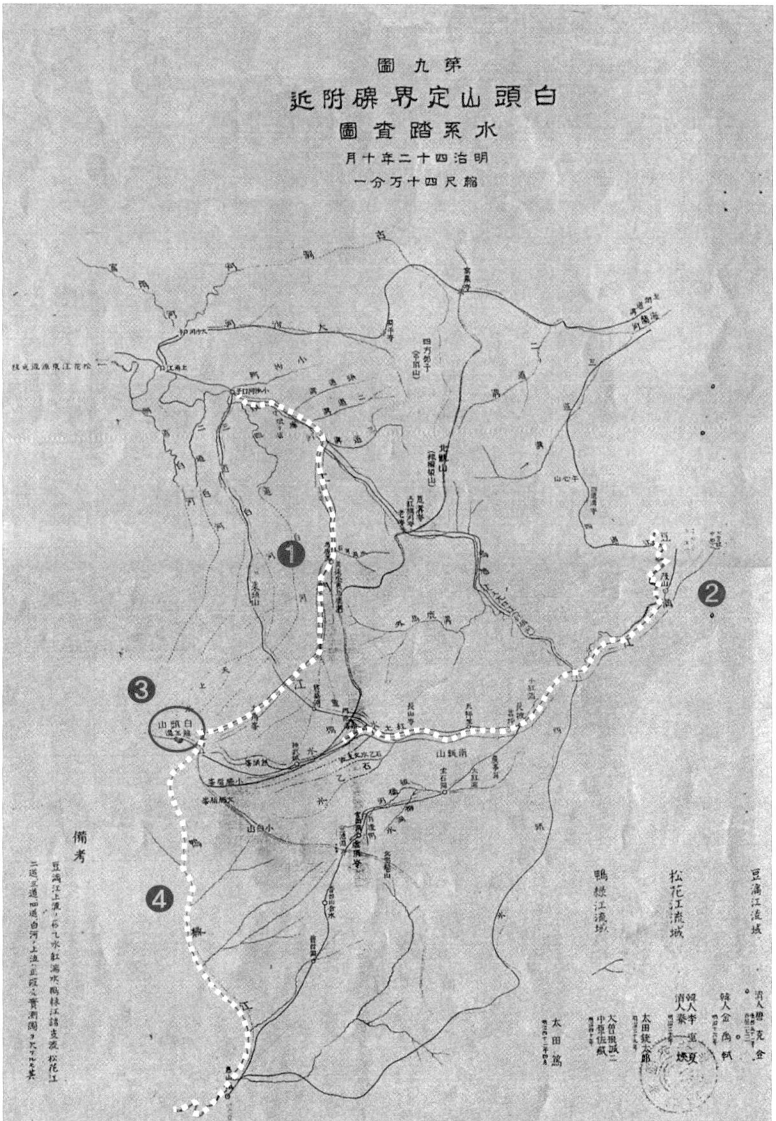

백두산 정계비 부근 수계 답사도_1909년 조선통감부 임시간도파출소 잔무정리소에서 제작하였다. 1910년 편찬된 『간도산업조사서』에 수록되었다. ①은 토문강, ②는 두만강, ③은 백두산 정계비, ④는 압록강을 가리킨다.

이 깊이 개입하여 조선은 국경 문제를 논의할 만한 입장이 아니었다. 그럼에도 국경 문제를 논의했다는 것은 조선이 간도 지역을 조선의 영토로 확신했기 때문에 가능한 것이다. 2차 회담에서 청나라는 한층 더 강압적인 분위기로 회담을 이어 나갔고, 이에 회담에 참여했던 이중하는 "내 목은 잘라가도 우리 국토는 잘라갈 수 없다."라며 중국의 주장을 받아들이지 않았다.

이렇게 완강히 거부하자 청은 선심 쓰듯이 중간의 홍단수를 경계로 하자고 하였다. 하지만 결국 회담은 결렬되었고 조선과 청의 공식적인 국경 문제 논의는 여기서 끝나게 된다.

내 뜻이 아니오, 일본의 뜻이오

간도 지역의 영유권 분쟁과 관련된 두 번째 국가는 일본과 청나라이다. 아버지를 아버지라 부르지 못하는 홍길동의 마음이 이러하였을까? 대한 제국은 분명 고종 황제의 통치하에 존재했음에도 불구하고 1905년 일본의 협박과 강요로 맺은 을사늑약(고종 황제는 합의하지 않았지만)으로 조선인들은 졸지에 부모도 집도 모두 잃은 고아가 되어 버렸다. 조선이 뜻을 굽히지 않고 완강하게 청의 국경 제안을 거절한 것 또한 모두 물거품으로 돌아갔다. 을사늑약으로 조선의 외교권을 일본이 행사하며 간도 영유권 논쟁에 일본이 새롭게 참여하게 되었기 때문이다. 일본 역시 처음에는 간도 지역을 조선의 영토로 주장하였다. 간도 지역에 통감부 파출소를 두고 당시 간도 지역에 거주하던 조선인들을 직접 관리하고자 하면서 청과 대립하게 되었다. 일본이 간도를 중시한 이유는 당시 간도 지역

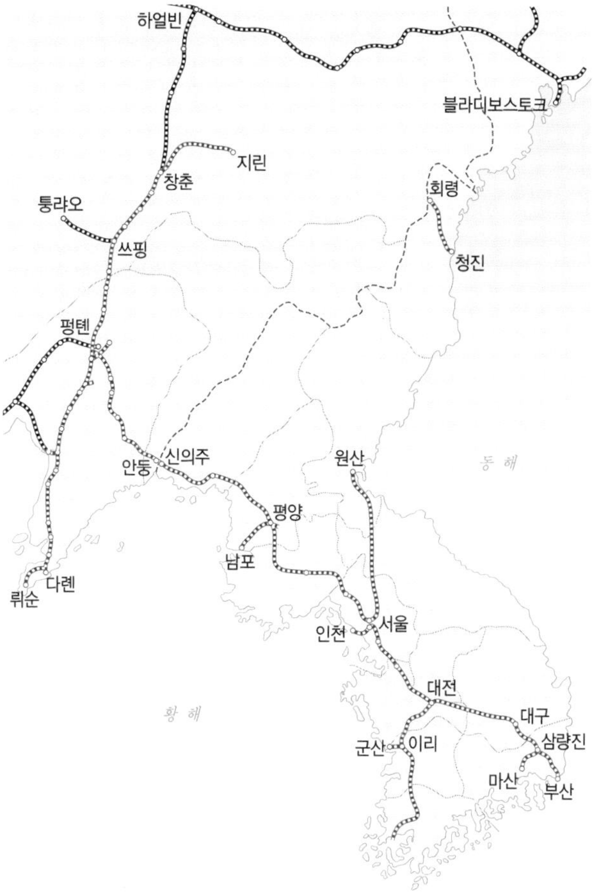

1919년 만철 노선도

에 많은 조선인이 살고 있었으며 중국을 향한 대륙 진출의 전진 기지이자, 세력을 확장해 남진하는 러시아를 방어하기 위한 전략적 요충지에 해당하였기 때문이다. 진짜 주인은 한마디도 하지 못한 채 관계없는 세력들만 이 지역을 놓고 협상을 벌인 셈이다. 처음에는 간도가 조선의 영토라고 주장했던 일본도 청의 거센 반발과 영국, 미국 등 열강의 분위기 때문에 결국 청나라와 협약을 맺었다. 청나라는 간도를 일본에게 점령당

1627(인조5년)	1689(숙종15년)	1712(숙종38년)	1858(철종9년)
조선-후금 강도회맹 체결, 두만강 건너편 동간도 지역에 대해 양 국민 출입 금지(봉금)에 합의.	청-러 네르친스크 조약 체결. 청이 봉금 이후 방치했던 무인 지대에 관심을 갖게 됨.	조선-청 백두산 정계비 설치. 압록강~토문강에 이르는 선을 국경선으로 정함.	청-러 아이훈 조약. 러시아가 연해주 일대의 공동 관할권을 얻어냄.

1888(고종25년)	1905	1909	1962
청의 리훙장이 제3차 강계 회담을 요구했지만 조선은 이중하의 회담 연기론에 따라 이를 받아들이지 않음. 이후 양국은 독자적인 조치를 취함.	대한 제국-일 을사늑약. 한국의 외교권을 일본이 강제로 박탈.	청-일 간도 협약. 일본이 청나라에 만주 철도, 탄광 등 5가지 이권을 넘겨받은 대가로 간도 영유권을 넘겨줌.	북-중 조중 변계 조약 체결 설. 북한~중국 국경을 압록강~백두산~두만강으로 확정.

간도 지역 국경선 확정을 둘러싼 협상 연표

한다면 세력이 강해지는 러시아의 청나라 침략은 당연한 일이었기에 간도를 무슨 일이 있어도 지키고자 했던 것이다.

이처럼 두 나라의 이해관계에 의해 1909년 9월 4일 청과 일본은 간도 협약을 맺게 된다. 일본은 이 대가로 만주 일대의 철도 부설권과 탄광 채굴권 등을 획득하였다. 이 지역에 군수 산업이 발전하고 우리나라에 X자형의 철도가 놓이게 된 것도 이것과 관련이 있다. 한편에서는 우리나라가 근대화될 수 있었던 것이 X자형의 철도가 놓인 것과 관련 있다고 주장한다. 하지만 우리의 근대화에 도움이 되기 위해서였다면 X자형의 철도는 철저히 대한 제국의 국익과 관련이 있어야 했다. 하지만 우리나라를 관통한 이때의 철도는 일본이 대륙을 뻗어나가기 위한 주요 수단일 뿐이었다. 계모가 신데렐라를 괴롭히고서는 "이건 다 너를 위해서야. 이래야 네가 강해지지."라고 하는 것과 무엇이 다를까?

1860(철종11년)	1885(고종22년)	1886(고종23년)	1887(고종24년)
청-러 베이징 조약. 러시아 연해주 획득.	조선과 청나라 양국 경계에 대한 회담인 을유 담판 결렬.	청-러 훈춘 조약. 조선이 공동 참가해 녹둔도 반환을 청에 요청.	조선과 청나라 양국 경계에 대한 회담인 정해 담판 결렬.

1995	2002
중국 리펑 총리가 한국 이홍구 총리에게 한국인 관광객들에 "간도는 한국 땅."이라고 말하는 등의 언행 자제를 요칭.	중국, '동북 공정' 개시.

북한과 중국의 비밀스런 협정

1945년 광복의 기쁨도 잠시일 뿐 한반도는 곧 북과 남으로 나뉘게 되었다. 공산 진영으로서 긴밀한 관계를 맺고 있던 중국과 북한은 1962년 비밀리에 조중 변계 조약을 맺게 된다. 애초에 중국은 백두산 전역을 중국의 영토로 하고자 하였으나 김일성은 이 지역은 우리 민족의 발상지이기 때문에 그럴 수 없다하여 지금과 같은 국경선 설정이 된 것으로 알려져 있다. 이에 따르면 백두산 천지의 약 55%는 북한에, 45%는 중국에 속해 있다. 중국 입장에서는 처음 주장에 비해 많이 양보한 것 같지만 최근 들어 백두산 관광 산업을 확대하고 백두산이 아닌 중국식 명칭인 장백산으로 부르는 등 백두산을 중국 영토화하려는 모습이 보인다. 이 또한 수수방관해서는 안 되는 움직임이다. 후에 한반도에 통일 국가가 들어선다면 이 조약의 유효성에 대해서는 한반도 통일 국가와 중국이 다시 협의

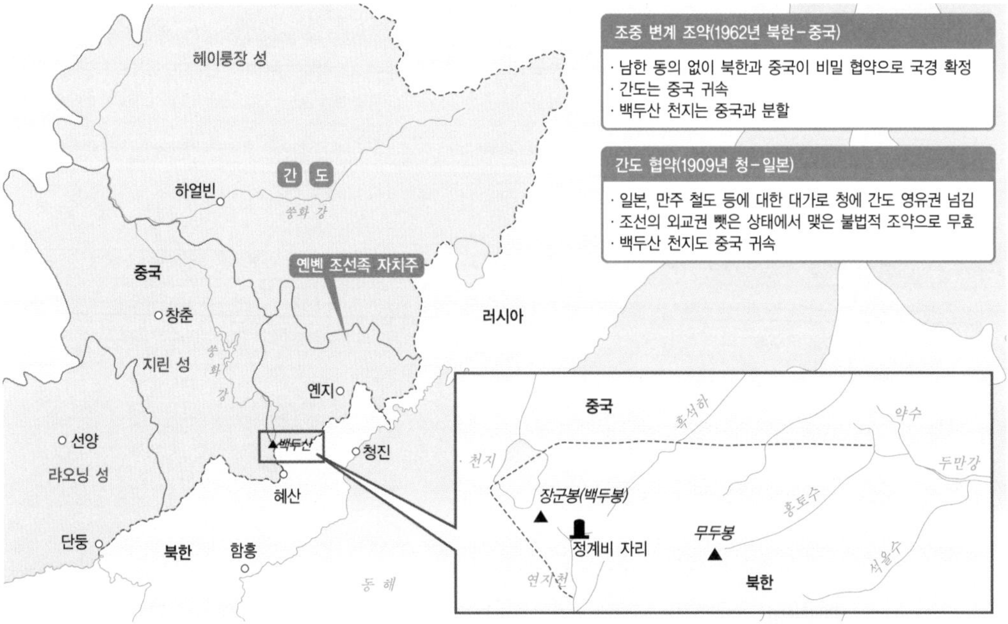

북한과 중국의 국경

를 봐야 할 것이다. 왜냐하면 국경 문제는 남한과 북한이 모두 참여해야 하는 문제인데, 현 조중 변계 조약은 북한만 참석하였기 때문이다. 조선의 정통성을 누가 이어받았느냐가 양국의 관건이 될 것이다.

Tip

녹둔도

녹둔도는 현재 러시아의 영토이며, 북한과 국경을 접하고 있다. 예전에는 말 그대로 '섬'이었으나 두만강 하류에 위치하여 계속된 하천의 퇴적 작용으로 결국 육지와 연결되어 현재 그 위치는 추정할 뿐이다. 녹둔도는 조선 시대 여진족의 침략을 막기 위해 토성과 목책을 쌓아 관리하였다. 이 지역은 삼각주로서 비옥한 토양이다.

삼각주는 하천이 바다로 유입되는 곳에 유속이 느려지면서 하천이 운반하던 모래나 자갈 같은 토사를 삼각형 모양으로 쌓는 것에서 유래된 말이다(실제 모양은 매우 다양하다). 높은 산에 빗물이 고여 샘을 이루고 이 샘이 가득 차면 조그만 물줄기가 되어 흘러내린다. 산지의 여러 물줄기가 하나로 모여 큰 강을 이루게 되고 이 강의 최종 목적지는 바다가 된다. 따라서 하천이 최종 목적지인 바다에 다다랐을 때는 지표의 여러 곳을 하천이 다녔으니 많은 토사를 가지고 왔을 것이다. 무겁고 덩치가 큰 것들은 위에 두고 주로 입자가 작은 것들을 가지고 하류에 다다르게 된다. 삼각주는 모든 강의 하류에서 형성되는 것이 아니다. 우선 큰 강의 하류에서만 형성된다. 왜냐하면 많은 토사가 운반되어야 하기 때문이다. 두 번째로 바다의 영향력이 작아야 한다. 특히 밀물과 썰물 같은 조류의 영향력이 작아야 한다. 하지만 우리나라의 서해안과 남해안은 세계적으로 조차가 매우 큰 지역에 속한다. 따라서 우리나라 서·남해안은 삼각주가 형성되기 어렵다. 동해안은 수심이 깊고 파도의 힘이 강하며 무엇보다도 동쪽으로 치우친 서고동저의 지형 때문에 동해로 흐르는 하천은 서해로 흐르는 하천에 비해 규모가 작다. 따라서 삼각주가 형성되기 어렵다. 하지만 두만강은 백두산에서 발원하며 우리나라에서 3번째로 긴 강이며(1위는 압록강, 2위는 낙동강이다) 이 지역은 조차가 작기 때문에 삼각주가 형성되기 쉽다. 압록강은 서해안에 있지만 조차가 작은 편에 속하고 하천이 매우 크기 때문에 많은 토사를 운반하여 삼각주가 발달할 수 있다. 따라서 이 지역에 '간도'라는 섬들이 분포할 수 있었다.

이처럼 조선인들은 비옥한 삼각주에 농사 짓기 시작하였으나 조선 정부는 여진족의 침략 등을 이유로 농민의 상주는 금하였기 때문에 농민들은 배를 타고 섬으로 가서 농사를 짓고 돌아왔다. 이후 17세기 청의 만주 봉금 정책으로 이 지역도 간도 일대와 마찬가지로 자연스럽게 무인 지대가 되었다. 하지만 두만강의 하류는 유량이 워낙 많기 때문에 물길이 자주 바뀐다. 또한 유로가 변경되면서 유속이 느려지는 곳에는 많은 토사가 쌓이게 된다. 따라서 두만강이 녹둔도로 향하는 유로 역시 많은 토사로 막히게 되어 녹둔도는 러시아 쪽으로 연결되었다. 녹둔도가 문제가 된 것은 1860년에 청나라와 러시아 간에 맺은 베이징 조약 때문이다. 하지만 당시 국내외로 정세가 불안했던 조선은 이 사건을 중히 다루지 못하였고 후에 반환을 요구하였지만 이는 받아들여지지 않았다. 현재 이 지

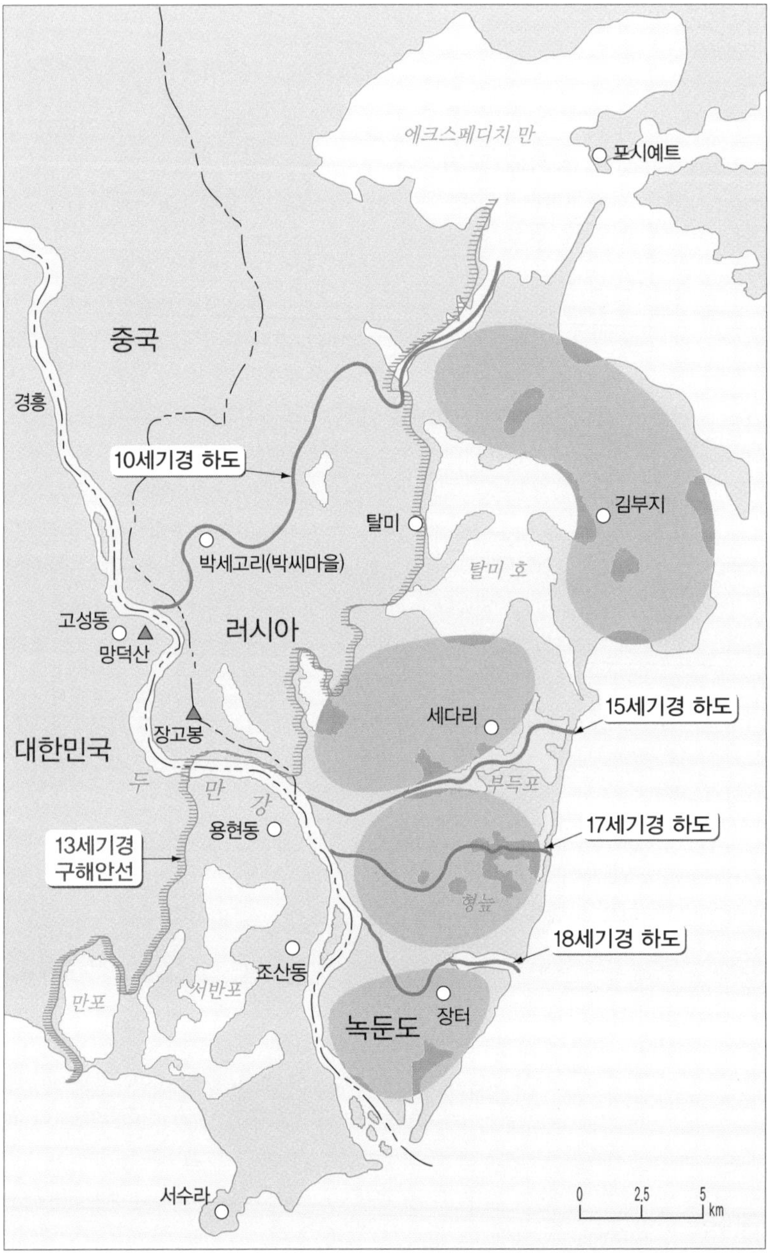
에크스페디치 만
포시예트
중국
경흥
10세기경 하도
탈미
김부지
박세고리(박씨마을)
탈미 호
고성동
망덕산
러시아
15세기경 하도
세다리
장고봉
대한민국
두
만
강
부득포
용현동
17세기경 하도
13세기경
구해안선
형늪
18세기경 하도
조산동
만포
서반포
장터
녹둔도
서수라
0
2.5
5
km

녹둔도 추정 지역

역은 연해주에 속해 있다. 연해주는 구소련 시절인 1937년 스탈린의 강제 이주로 중앙아시아 지역으로 이주되기 전의 우리나라 동포인 고려인(과거 구소련, 현재 러시아와 독립국가연합 일대에 거주하는 한국인)들이 거주하였던 곳이다. 고려인들이 시베리아 횡단 철도를 타고 강제 이주되어 간 곳은 '~스탄'이라고 이름 붙은 중앙아시아이다. 이 중 우리나라 동포가 가장 많이 분포하는 곳은 우즈베키스탄이며 다음은 2011년 동계 아시안 게임이 열렸던 카자흐스탄이다. 이 지역은 대륙 내부에 위치하여 연교차가 매우 크고 건조한 지역이다. 이 지역에서도 우리나라 민족의 문화가 고스란히 녹아들어 불가능할 것 같았던 벼농사가 행해지게 된다.

감성적인 애국주의가 아니라 논리적 이성으로

간도가 우리 땅이라고 할 수 있는 이유

간도 지역과 관련하여 논리적으로 우리의 영토라고 할 수 있는 근거는 다음과 같다. 첫 번째는 간도 지역이 처음부터 청나라와 조선이 합의한 사람이 살지 않는 중립 지역이었다는 것이다. 그런데 청국은 이를 일방적으로 자신들의 영토로 인식하여 측량하고 1712년 백두산 정계비를 세웠다. 결국 이 백두산 정계비의 해석을 둘러싼 문제가 지금까지 이어져 오고 있지만 말이다. 국제법상 사람이 살지 않는 무주 지역은 선점하여 개간하는 쪽이 영유권을 주장할 수 있다(거주 지역은 제외 한다). 청의 봉금 정책으로 간도 지역으로 이주하는 조선인은 줄어들었으나 이 지역에 거주하는 주민은 대다수가 조선인이었다. 따라서 현재의 국제법상으로 간도는 조선인이 먼저 점령하였고(선점) 거주민의 대부분이 조선인이었으며 오랜 시간 동안 실질적으로 이 지역에서 생활해 왔기 때문에 선점 원칙에 따라 조선의 영토로 보아야 마땅할 것이다. 아니면 다시 원점으로 돌아가 중립 지역의 분할을 논의해 봐야 할 것이다.

두 번째는 조선과 청의 국경 회담이 모두 다 결렬되었다는 것이다. 확실한 결과 없이 대립만 하였기 때문에 간도 영유권 논쟁은 아직도 유효한 것이다.

세 번째는 중국과 일본이 맺은 간도 협약 자체가 무효라는 것이다. 이를 좀 더 자세하게 살펴보자. 간도 협약은 국제법상 국제 조약 체결 조건을 갖추지 않았기에 무효로 간주된다. 왜냐하면 간도 협약을 맺은 일본이 명분으로 내세운 을사늑약 자체가 국제 조약으로 인정되지 않기 때문이다. 국제법상 국제 조약으로 체결되기 위해서는 첫째, 조약 체결권자로서 각 나라 대표가 참석해야 한다. 하지만 을사늑약에는 고종의 서명도 날인되지 않아 일본은 위임 통치를 할 수 있는 권리가 없었다. 둘째, 국제 조약은 자유 의지에 의해서 이루어져야 한다. 하지만 당시 일본은 군의 위협과 강압으로 을사늑약을 추진하였기 때문에 이를 무효로 보아야 한다.

따라서 간도 협약은 다음과 같은 이유로 인정될 수 없다. 첫째, 앞에서 밝힌 대로 을사늑약 자체가 국제 조약으로서 효력이 없기 때문이다. 둘째, 제2차 세계 대전의 패배 후 일본이 중국과 1952년 4월 28일 중일 평화 조약을 맺었기 때문이다. 이 평화 조약에는 1941년 12월 9일 이전에 맺은 모든 협약을 무효로 한다는 내용이 포함되어 있다. 조약에 나온 시기는 청일 전쟁부터 태평양 전쟁까지로 1909년 맺은 간도 협약 역시 무효임을 입증하는 것이다. 제2차 세계 대전 이후 원상 복귀되지 않은 거의 유일한 조약이 간도 협약이라고 한다. 2004년에는 당시 외교부 장관이었던 반기문 장관이 간도 협약이 무효임을 인정하였다. 하지만 이것이 곧 간도가 우리의 영토가 되는 것이 아니라는 점 또한 분명히 해 두었다.

간도 협약을 맺은 지 벌써 100여 년이 지났다. 그렇기 때문에 하루아침에 우리의 땅으로 되돌릴 수는 없을 것이다. 따라서 기간을 두고 점진적으로 간도 영유권에 관한 논의가 이루어져야 할 것이다.

해방의 기쁨도 잠시 우리나라는 다시 남과 북으로 갈라지는 아픔을 겪는다. 다툼의 당사자끼리 합의를 보지 못하고 다른 세력이 합세하였기 때문에 단순했던 문제들이 더 커지게 되고 결국 분단이라는 극단적인 조치가 한반도에 내려지게 되었다. 인간 관계와 마찬가지인 것 같다. 둘 사이의 다툼에 제3자가 개입하게 되면 이간질 등으로 진실은 왜곡되고 결국 멀어지게 된다. 전쟁 후 분단의 아픔을 겪게 되면서 우리는 간도 지역을 돌아볼 여유가 없었다. 국력이 약하고 전후 고통을 씻기 위해 경제적으로 성장하는 것이 가장 큰 목표였기 때문이다. 하지만 이제는 다르다. 관심을 갖고 우리의 목소리를 세계 무대에 내야 할 것이다. 감상적인 애국주의를 위해서가 아니라 잘못된 점을 바로 잡기 위해서이다. 하지만 분명히 해 두어야 할 것은 만약 간도 문제와 관련하여 우리의 잘못된 점이 발견된다면 이를 인정하는 용기도 가져야 한다는 점이다. 무조건 내 것이 옳다면서 나의 잘못된 점을 빤히 알면서도 인정하지 못한다면 그 주장을 반박하기 위한 억지를 계속 반복하게 될 것이다. 이런 오류를 범하지 않았으면 하는 바람이다. 이것이 21세기를 살아가는 세계 민주 시민 혹은 국가에게 요구되는 덕목일 것이다.

우리가 앞으로 해야 할 일

옛 속담에 "소 잃고 외양간 고친다."라는 말이 있다. 감정적으로 무조건 우리 땅이기 때문에 마치 애국 열사가 된 것처럼 간도의 영유권을 주장해서는 안 된다. 우리의 영토라고 주장하기 전에 우리가 간도에 대해 취했던 입장들을 살펴볼 필요가 있다.

앞서 밝혔듯이 우리는 독도에 대해서는 많이 알고 있었지만 간도에 대해서는 몰랐다. 그 이유는 무엇일까? 왜냐하면 독도는 현재 우리나라 영토인데 일본이 그것에 대해 잘못되었다고 주장하는 것이고 간도는 현재 중국의 영토이기 때문이다. 국력이 곧 국경을 결정하던 시대는 지났다. 중국과 일본의 평화 협정으로 간도 협약과, 간도 협약의 기초가 되었던 일본과 조선의 을사늑약 자체가 무효가 되었으므로 간도의 영유권 문제는 한국과 중국 그리고 일본이 다시 한 번 논의해야 할 부분이다. 중국이 이 부분을 민감하게 받아들이는 이유는 간도 지역에 거주하는 200만 명의 조선족 때문이다. 현재 거주하는 조선족들은 2·3세대로서 한국을 모국으로 여기며 살아가고 있다. 이들의 조상은 자신의 의지 혹은 강제로 이곳에 정착하게 되었다. 많은 어려움 속에 민족의 정체성을 잃지 않기 위해 노력해 온 조선족을 한국은 인정해야 할 것이다. 한국이 이들에게 무관심한 동안 점점 중국 문화에 익숙해져 한국인으로서의 정체성이 약화되는 것이 현실이다. 조선족은 중국 내에서 규모가 크지는 않지만 모국인 북한과 국경을 마주하고 있고 민족 의식이 높아 중국 정부가 주시하고 있다. 중국의 50여 개 소수 민족 중 하나의 소수 민족이라도 분리가 된다면 다른 소수 민족의 봉기가 예상되기 때문이다. 중국은 무력으로 앞세우기보다는 문화로 동화시키는 방법이 시간은 오래 걸리더라도 가장 확실한 방법이라고 보고 있다. 따라서 조선족 자치주에도 한족의 이주가 대거 늘어나 현재는 약 61:31의 비율로 한족이 조선족을 앞서고 있다. 이렇게 조선족에 관한 이야기를 한 것은 간도가 우리 땅이다 아니다를 떠나, 이미 많은 우리나라 동포가 이곳에 살고 있는 것이 현실임을 환기시키기 위해서이다. 그러나 이들은 다른 해외 동포들과는 달리 우리나라 정부의 보호를 받지 못하고 있다. 간도의 영유권을 주장하지 못하기 때문에 이곳에 오래 전부터 터를 잡고 살던 조선족에 대한 보호를 요구하지 못하고 있는 것이다.

간도를 찾는 것은 단순히 땅을 찾는 것이 아니다. 우리 민족을 찾는 것이고 역사를 찾는 것이다. 이 지역은 완충지 혹은 중립지였기 때문에 당연히 양국의 입장을 반영한 국경을 새로 설정해야 할 것이다. 하지만 이 과정이 생략된 채 간도는 중국의 영토가 되었다. (물론 여기에는 청나라와 일본의 간도 협약이 있긴 하지만) 이미 지나간 과거사를 '그땐 그랬지'라면서 과거의 사실만을 묻고 따지는 행위는 정체할 수밖에 없다. 더 나아가 과거에 그랬으니 '현재'는 이래야 한다면서 '행동'을 해야 한다. 우리가 손을 놓고 있는 동안 중국은 간도 영유권과 관련된 많은 자료를 준비하였다. 수수방관하며 있을 때가 아니다.

21세기를 살아가는 선진국다운 선진 의식을 지닌 선진 국민의 모습을 보여 주자. 세계 지도를 펼쳐 보자. 세상은 넓고, 우리가 가야 할 곳은 많다. 넓은 곳을 향해 갈 수 있도록 현재 우리를 지지해 주는 버팀목이 바로 우리나라라는 것을 알자. 내 것을 소중히 여기지 못하고 관심이 없다면 밖에서도 그것을 하찮게 볼 것이다. 세계를 이해하기에 앞서 우리나라에 관심을 갖고 소중히 여기자.

속속들이 살펴보는 우리 땅 이야기

속 속 들 이 살 펴 보 는 우 리 땅 이 야 기

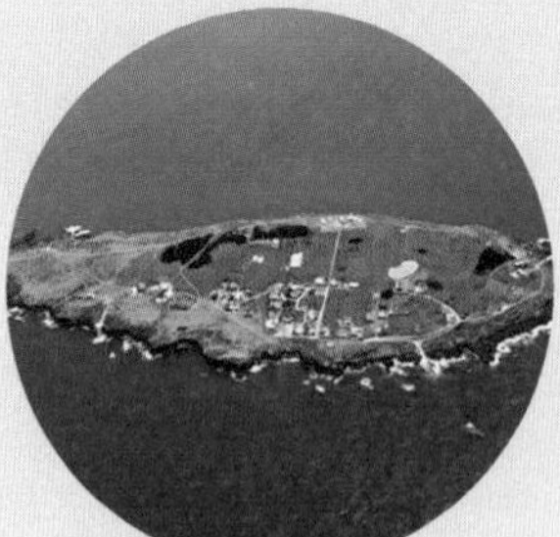

| 제3장 | 비밀을 간직한 두 섬, 마라도와 이어도

남쪽 끝에 선 마라도

남쪽 끝 작은 섬

우리나라의 정중앙 지점은 기준이 어디냐에 따라 다르지만 주로 강원도 양구군을 꼽는다. 이는 우리나라의 4극을 기준으로 해서 책정한 것이다. 여기서 말하는 4극은 우리나라 영토의 사방 최극단을 말하는 것으로, 동단은 경상북도 울릉군 독도, 북단은 함경북도 온성군 유포면, 서단은 평안북도 용천군 용천면 마안도이다. 그렇다면 남단은 어디일까? 초등학교 시절 지도로만 봤을 때는 당당히 제주도라고 대답했을 친구들도 많을 것이다. 하지만 자세히 살펴보면 제주도 아래 비밀을 간직한 마라도라는 특별한 섬이 있다. 최근 이어도가 새로운 남단으로 떠오르고 있지만 아직 공식적으로는 마라도가 한반도의 최남단이다.

제주특별자치도 서귀포시 대정읍 가파리 580번지. 북위 33도 6분 33초, 동경 126도 11분 3초. 대한민국의 가장 남쪽에 있는 섬 마라도는 남제주군 모슬포 항에서 약 12km, 송악산에서 약 10km 떨어져 있다.

바다 가운데에 있는 섬인 만큼 높은 해안 절벽과 해식 동굴들이 어우러져 있고, 절벽 위는 평탄한 지형으로 되어 있다. 2000년 7월 19일 섬 전체가 천연기념물로 지정되어 보호받고 있을 정도로 멋진 경관을 자랑한다.

마라도(麻羅島)라는 이름의 유래는 먼저 1702년『탐라순력도』, '대정강사편'에 나오는 "칡넝쿨이 우거진 섬."이라는 말에서 찾을 수 있다. 한편 남쪽에서 불어오는 바람을 뜻하는 마파람에서 '마'자를 가져왔다는 이야기도 있다. 변덕스러운 날씨와 거센 파도는 사람들이 쉽게 접근할 수 없었기 때문에 '금(禁)섬'이라고 불리기도 했다.

무인도였던 마라도는 현재 인구 약 120명, 실거주자 60여명으로 이루어진 작은 마을이 되었다. 이곳에 사람들의 발길이 닿기 시작한 유래는 전설에 의한 여러 이야기들로 알 수 있다.

마라도의 위치

마라도에 대한 이야기들

마라도의 유래

한 이야기에 따르면, 이곳에 사람이 살기 시작한 것은 1883년 무렵 개척 목사와 모슬포 주민이 들어오면서부터이다. 어느 마을에 김씨 성을 가진 사람이 살고 있었다. 김 씨는 도박으로 가산을 탕진해 버려서 주변 친지들이 고을 원님에게 마라도를 개척하게 해 달라고 탄원하였다. 제주 목사 심현택이 이것을 허락해서 김 씨는 최초로 마라도에 이주하여 살게 되었다는 것이다.

현재 마라도의 모습을 보면 숲이 없고 인공 조림한 소나무들이 있다. 이곳은 제주 특유의 나무절구인 '남방애'를 만들 수 있는 아름드리나무가 울창한 원시림이었는데 사람이 이주하기 시작한 후 농사를 짓기 위해 원시림을 불태워 화전을 하게 되었고 지금까지 나무가 없는 푸른 초원이 펼쳐져 있는 섬이 되었다.

마라도가 지금의 모습처럼 푸른 초원이 펼쳐지게 된 데에도 전해져 내려오는 이야기가 있다. 환한 달밤에 고향을 떠나온 이주민 중 한 사람이 퉁소를 불었는데, 그 소리를 듣고 수많은 뱀들이 몰려왔다. 퉁소를 불다가 너무 놀라 그 뱀들을 없애기 위해 숲에 불을 질렀고 석달 열흘 동안 불길은 멈추지 않았다고 한다. 이때 뱀들은 꼬리를 물고 바다를 헤엄쳐 제주도의 동쪽 지방으로 건너갔다고 한다. 그래서일까? 마라도는 뱀과 개구리가 없다. 석달 열흘이 지나야 불길이 멈추었다는 것을 보면 원시림이 매우 울창했던 것 같다.

마라도라는 이름의 유래에 대한 또 다른 이야기가 있다. 제주도는 바람 많고, 돌 많고, 여자가 많은 삼다(三多)의 고장이었다. 그중에서도 여

마라도

자가 많은 것은 과거에는 기상 관측을 정확히 할 수 없어 고기잡이를 나간 남자들이 사고로 돌아오지 못하는 경우가 많았기 때문이다. 마라도와 가파도 역시 삼다(三多)의 고장이었다. 여자가 많은 이 섬에 어쩌다 남자들이 찾아오면 여자들은 온갖 정을 쏟아 내었고 남자들은 후에 돌아오면 갚겠다고 말하며 다시 떠났다. 하지만 이 섬 여자들은 남자들의 말을 믿지 않으며 '갚아도 그만 말아도 그만'이라는 생각으로 지냈다. 이에 섬의 이름을 갚아도(가파도)와 말아도(마라도)라고 부르게 되었다는 이야기이다.

한편 위에서 말한 가파도라는 섬은 제주도에서 마라도로 가는 뱃길의 중간에 있는데 이곳을 지나면 조류가 거세진다. 가파도와 마라도 사이의 급한 조류 때문에 제주도 사람들은 가파도 사람과 마라도 사람 사이에 진 빚은 "갚아도(가파도) 좋고 말아도(마라도) 좋다."라는 말을 하기도 한다.

애기업개당_처녀당, 할망당이라고도 불린다. 어린아이가 죽어서 처녀가 되고 할머니가 되어 섬의 수호신으로 자라난 것이다. 기구한 운명을 가진 한 아이가 이 섬의 안녕을 기원해 주는 수호신이 되었다는 전설은 슬프지만, 죽어서도 사람들을 위한 일을 하는 아이의 맑은 영혼이 느껴진다.

처녀당과 장군바위

우리나라의 옛 전통을 간직한 지역이나 시골 마을에서는 그 지역의 안녕을 비는 신당이나 제사를 지내는 공간을 종종 볼 수 있다. 특히 교통과 통신이 발달하지 않는 그 옛날에는 인간이란 자연의 힘 앞에서는 한없이 약한 존재였고 안녕을 비는 것이 이들이 할 수 있는 최대한의 정성이었을 것이다.

마라도 역시 섬을 지키는 수호신이 있다. 이 섬의 서쪽에는 '애기업개당'이 있다. 이곳을 '처녀당' 또는 '할망당'이라고도 한다.

옛날 모슬포에 사는 이씨 부인이 버려진 여자아이를 발견했다. 처음에는 아이의 부모를 찾아 주려 했으나 찾지 못하고 아이가 없던 이씨 부인

장군바위

은 이 아이를 딸처럼 기르게 되었다. 아이가 여덟 살 되던 해 이씨 부인은 아이를 낳았고, 여자아이는 아이를 봐주는 애기업개가 되었다.

마라도는 금(禁)섬이었다. 섬 주변에는 물살이 거세 접근하기 어려웠고 각종 어류와 해산물이 풍부했지만 그것들을 잡으면 바다의 신이 노해서 화를 입는다고 여겼다. 하지만 매년 봄 망종 때부터 보름간은 물살이 거세지 않아 마라도에 건너가는 것이 허락되었다. 어느 봄, 마라도의 잠수들과 이씨 부부와 그들의 아이, 그리고 애기업개도 마라도로 들어가게 되었다. 바다도 잔잔하고 날씨도 좋아 해산물이 많이 잡혔다.

며칠이 지나고 식량도 다 떨어져 모두들 떠날 준비를 하는데 갑자기 바람이 불고 바다가 거세어졌다. 떠날 것을 포기하면 바다는 다시 잠잠

해지고 배를 타려고 하면 바다는 다시 거세어졌다. 그러기를 며칠을 반복하고 잡아 놓은 식량도 떨어지자 잠수들은 다음 날 반드시 떠나기로 결정하였다.

떠나기 전날 밤, 가장 나이 많은 잠수 꿈에 누군가가 나타나 애기업개를 두고 가지 않으면 모두 물에 빠져 죽을 것이라고 하였다. 이씨 부인 또한 같은 꿈을 꾸었다. 꿈 이야기를 들은 잠수들은 애기업개를 두고 가기로 하였다. 배를 띄운 후 이씨 부인은 애기업개에게 기저귀를 걸어 놓고 왔으니 가져오라고 시켰다. 애기업개가 기저귀를 가지러 간 사이 배는 출발하였고 애기업개가 살려 달라고 울부짖어도 다시 섬으로 돌아가지 않았다.

바다는 더 이상 거칠어지지 않았다. 하지만 배에 탔던 사람들은 죄책감에 3년 뒤에야 다시 마라도로 돌아갔다. 그러나 이미 모슬포와 가파도가 가장 잘 바라다보이는 자리에서 사람들이 돌아오기를 기다리다가 외로움과 굶주림에 지쳐 죽은 애기업개의 뼈만 남아 있었다. 잠수들은 애기업개의 뼈를 곱게 묻어 주었다. 그리고 애기업개를 위하여 당을 만들고 매달 7일, 17일, 27일에 제를 지내고 안전을 기원하였다. 그 이후로는 사람들이 바다에서 돌아오지 못하는 일이 드물어졌다고 한다.

마라도의 남쪽 끝에는 이 섬을 지켜 주는 또 하나의 수호신이 있다. 바로 '장군바위'이다. 국토 최남단비 아래에 있는 이 바위는 하늘에 살고 있는 천신이 땅에 살고 있는 지신을 만나기 위하여 내려오는 길목이라고 한다. 일제 때 일본 사람들이 자기 나라 쪽을 향하여 신사 참배를 했던 곳이기도 하다. 그래서 몇 년 전까지 일본인이 세워 놓았던 '신사비'가 있었으나, 지금은 존재하지 않는다. 주민들은 해신제를 지내는 신성한 곳으로 여기기 때문에 이 바위에 올라가지 않는다.

가파도

가파도의 주소는 제주 서귀포시 대정읍 가파리이다. 대정읍 모슬포의 남쪽에 있는 섬으로 마라도로 가는 뱃길의 중간에 있다. 헌종 8년(1842)부터 농사를 짓는 사람들만 출입이 가능했다. 그 후 1864년 큰 흉년 뒤 사람들이 살기 시작했다. 섬의 둘레에는 암초가 많고 조류가 커서 바다의 물살이 조금이라도 거세지면 뱃길이 끊기게 된다.

한편 가파도는 『하멜 표류기』의 저자 하멜이 처음 표류하였던 곳이기도 하다. 하멜은 네덜란드의 상선인 스페르베르호에 타고 타이완에서 일본의 나가사키로 향하던 중 1653년 가파도에 표류하여 제주 목사 이원진에 의해 서울로 호송되었다. 그리고 14년간 억류 생활을 하다가 1666년 탈출하여 나가사키에 도착, 1668년 네덜란드로 돌아갔다. 하멜은 『하멜 표류기』로 널리 알려진 『하란선 제주도 난판기』와 『조선국기』를 저술하여 한국을 서양에 소개하였다.

가파도는 상동, 중동, 하동 마을로 이루어져 있는데 가파도 상동 바닷가에서는 제주도를, 하동에서는 마라도를 볼 수 있다.

마라도의 이모저모

마라도, 그리고 자장면

마라도에 대한 전문 지식을 갖고 있는 것이 아니라면 '마라도'라는 이름을 들었을 때 떠오르는 것은 무엇이 있을까? 대한민국의 최남단? 마라도 자장면?

몇 해 전 이동통신사의 TV 광고에서는 마라도에서 자장면을 시킨 사람을 위해 바다를 건너 자장면을 배달해 주는 장면이 연출되면서 "자장면 시키신 분!"이라는 말이 유명해지기 시작했다. 하지만 실제로는 육지에서 섬으로 배달되는 것이 아니라, 마라도 섬에 자장면 집이 있다. 마라도에 낚시를 오는 사람들과 주변 해역에서 조업을 하는 어선을 대상으로 영업을 하는 자장면 가게가 생기게 되었고 배달까지 하게 된 것이다. 이러한 마라도의 자장면은 이제 사람들이 마라도에 가면 한 번쯤 의무적으로 맛보고 싶어 하는 음식이 되었다. 특히 마라도의 해산물인 '톳'과 각종 해물이 들어갔다는 점이 인기를 끌었다.

이렇게 사람들에게 유명세를 타는 만큼 방송에서도 많은 관심을 보였다. 각종 프로그램은 물론 외국에서도 취재를 왔다고 하니 마라도 자장면의 인기는 가히 국제적이라 해도 과언이 아닐 것이다.

마라도의 자장면 집은 하나의 관광 자원으로도 거듭났다. 하나 둘 가게가 늘어나면서 관광객을 유치하기 위한 노력도 다분하다. 어느 방송사, 모 프로그램 출연의 광고 간판이 눈에 띄고 유명 연예인들이 다녀간 집이라는 홍보 문구가 크다. 너나 할 것 없이 원조라고 칭하고 있어 가장 오래된 집이 어디인지 블로그를 통해 소개가 되기도 한다. 이러한 커다란 광고가 마라도의 자연 경관을 조금 헤칠 수도 있지만 이러한 모습 자체를 경관으로 보

마라도의 지도

줄지어 선 자장면집들

는 시선도 있다. 마라도의 자장면이 마라도 특유의 음식으로 자리 잡은 것이다.

학생 수 1명, 마라 분교

얼핏 보면 펜션 같은 모습이다. 하지만 운동장이 있고 운동장에는 여느 학교에서나 볼 수 있는 미끄럼틀 등의 놀이 시설이 있다. 가파 초등학교 마라 분교이다. 1958년 가파 초등학교 마라 분교장 인가가 되어 1990년 2학급이 승인되었다. 2011년 3월 1일 2복식 1학급이 편성되었으며, 2015년 현재 6학년에 올라가는 학생 1명이 남은 소규모 학교이다.

이렇게 작은 규모의 학교가 폐교가 되지 않은 이유는 우리나라 최남단에 있는 학교로 인정이 되었기 때문이다. 작은 규모의 마라 분교는 마라

마라 분교

도가 지탱할 수 있는 또 하나의 힘이 아닐까.

마라도가 관광지로 유명해지면서 학교 주변에서도 관광 시설들을 볼 수 있다. 특히, 학교 건물 뒤쪽의 자장면 광고는 그림 같은 섬마을 분교의 풍경과는 다소 어울리지 않는 것처럼 보일지도 모른다. 하지만 그것도 마라 분교만의 남다른 모습으로 봐도 좋을 듯싶다. 그냥 구수한 시골 섬마을의 학교와 학교 주변 먹거리 집으로 본다면 한결 마음이 가벼워질 것이다. 이 작은 곳이 미래의 꿈인 마라도 아이들이 자라나고 뛰어놀고 꿈을 키워 나가면서 공부하는 곳이다. 이 아이들의 후배와 친구들이 더욱 많이 생겨 마라 분교에 학생들의 웃음소리가 끊이지 않길 바라는 마음이다.

마라도의 등대

마라도를 밝히는 불, 등대

마라도는 국토 최남단이라는 이유로 사람들의 이목을 끄는 섬이다. 사람들은 국토 최남단이라는 상징성 때문에 마라도를 찾기도 한다. 그러나 마라도는 낚시인들의 사랑을 받는 장소이기도 하다. 벵에돔과 감성돔, 돌돔, 다금바리 등이 잘 낚이는 바다 낚시터이기 때문이다. 섬 전체에서 갯바위 낚시가 가능하고 사시사철 낚시하기에 좋다. 동쪽은 밀물, 서쪽은 썰물 때를 잘 맞추면 다양한 어종을 낚을 수 있다.

이러한 마라도의 뱃길을 잘 비춰 주는 등대가 있다. 마라도의 등대는 1915년에 설치되었다. 그 후 태풍으로 훼손되었다가 1987년 3월 새로 개축하였다. 하얀색의 8각형 콘크리트 구조에 16m의 높이로 되어 있다. 섬의 가장 높은 곳에 위치해 있는 등대는 10초를 주기로 강한 빛줄기를 비추어 약 48km 거리에서도 확인이 가능하다. 동중국해와 제주도 남부 해역을 오가는 선박들이 육지 초인 표지로 이용하고 있어, 우리나라의 '희망봉' 등대라고도 한다. 남태평양을 다니는 세계 배들의 길잡이 역할을 하기 때문에 세계 각국에서 사용하고 있는 해도에 마라도 등대는 반드시 표시되어 있을 정도이다. 마라도의 뱃길을 비춰 주고 국토 끝에서 우리나라의 시작을 알리는 마라도의 등대, 바라보고만 있어도 든든하다.

마라도의 자급자족 전기 생산

현대인의 삶에서 에너지는 없어서는 안 될 자원이다. 특히 화석연료로 인해 사람들의 삶은 많이 풍요로워졌다. 하지만 그만큼 지구 환경은 크게 오염되었고 화석연료는 점점 고갈되어 가고 있다. 이러한 상황 때문에 세계 여러 나라에서는 신·재생 에너지(New Renewable Energy)를 개발하고 널리 활용하기 위해 노력하고 있다.

우리나라도 마찬가지이다. 우리나라에서 연구하고 있는 신 · 재생에너지로는 태양열, 태양광, 바이오매스, 풍력, 해양, 소수력, 지열, 폐기물 에너지와 수소 에너지, 석탄 액화 · 가스화, 연료 전지 등이 있다.

그러한 시도의 일환으로 마라도에는 등대 작동을 위해 기존의 디젤 발전기를 보완하여 2000년 하루에 50kW의 전력을 생산할 수 있는 태양광 발전 시설이 설치되었고, 2001년 7.5kW급의 풍력 발전기 2기가 설치되었다. 뿐만 아니라 2006년 3월에는 주민들에게 전력을 공급하기 위해 하루에 150kW의 전력을 생산할 수 있는 태양광 발전 시설까지 설치되면서 신·재생 에너지를 이용해 지역 주민들에게 안정적인 전기 공급 기반을 마련하고 청정 환경을 보호해 낸 우수 사례로 알려지게 되었다.

그러나 태양광 발전 시설을 설치한지 얼마 안 된 2008년, 낙뢰로 인해 태양광 전지에 축적된 전기를 직류로 바꾸어 주는 부품인 인버터에 이상이 발생하고 시일이 지나 내구연한이 다 된 축전지를 예산 부족으로 교체하지 못해서 사실상 75kW급의 2기 중 1기의 가동이 중단되었다. 2011년 일부 부품을 대체하고 2013년에도 다시 고장이 발생하여 수리하였다. 2015년 현재 일부 수리 중에 있으며, 크게 효율적이지는 않지만 발전기로 사용하고 있다. 섬이라는 지리적 특성상 태풍 피해가 잦은

데 태풍이 올라오면 해수로 인해 염분이 많아져서 부속이 금방 고장 나는 것이다.

태양광 발전 시설을 짓는 것만으로는 진정으로 자급자족하는 청정에너지 섬이라고 할 수 없다. 마라도라는 지형의 특징을 더 연구하여 그에 맞게 제대로 유지보수를 해야만 본래 취지에 맞추어 에너지 효율을 높이고 청정에너지로서의 역할을 하게 될 것이다.

우리나라는 자원의 양이 풍부하지 않다. 현대 사회에서 많은 소비를 차지하고 있는 에너지 역시 90% 이상 수입에 의존하고 있는 만큼 '에너지 절감'이라는 말은 우리에게 익숙하게 들린다. 그러나 실생활에서도 이것이 잘 실천되고 있는지는 의문이다. 국가 차원에서는 마을 주민의 생활에 밀접하게 다가서는 정책을 시행하고, 개인 차원에서는 에너지에 대한 인식을 제고하여야 진정으로 에너지 절감이 현실화될 수 있을 것이다.

마라도의 태양광 발전 시설

Tip

태양광 발전

미국의 한 공군 기지에 있는 태양광 발전소

청정 에너지로 우리나라 신·재생 에너지(New Renewable Energy)의 하나인 태양광 발전은 주택과 여러 가지 산업에 쓰이고 있다. 태양 전지를 통해 태양광을 직접 전력으로 변환시켜 발전하는데, 이 발전은 태양 전지들이 붙어 있는 태양광 패널을 이용하는 것이다.

태양광 발전은 태양 에너지를 이용하기 때문에 대기 오염 발생이 없다. 태양 전지의 수명도 최소 20년 이상이며 기계의 소음도 적다. 하지만 날씨의 영향을 많이 받아 전력 공급이 원활하지 못할 수 있고 초기 투자 비용이 많이 들어서 보급이 활성화되어 있지 않다. 이러한 단점을 보완한다면 환경 오염도 줄어들고, 새로운 대체 에너지 보급의 성공을 말할 수 있게 될 것이다.

마라도의 지형과 식생

제주도 남서부의 해상에 위치한 마라도는 고구마처럼 타원형으로 생겨 친숙한 느낌을 준다. 화산 지형이며 평탄한 현무암류로 이루어져 있다. 마라도를 형성한 분화구는 육상에서 발견되지 않고, 약 30m에 달하는 해식애가 발달해 있다.

마라도는 푸른 초원으로 이루어져 있는데 섬 동쪽 해안의 등대가 있는 곳의 지형이 가장 높으며, 그곳을 기준으로 동서 및 북쪽 방향으로 완경사를 이루고 있다. 해안가는 해식애가 발달해 해식 동굴과 기암괴석이 발달해 있다. 마라도에 도착하면 가장 먼저 살레덕 선착장에 발을 내딛는다. '살레덕'이란 이름은 층층이 겹쳐있는 암벽의 모양이 찬장처럼 보인다고 해서 유래한 것이다. 또 다른 선착장인 자리덕 선착장 쪽으로는 '대문 바위' 또는 '남대문'이라 부르는 해식 터널이 있는데 경관이 아주 멋지다. 이렇게 마라도 해안에 발달하고 있는 해식 동굴과 해식애는 모두 현무암으로 구성되어 있는데 이 현무암은 두께가 얇은 용암류 단위로 이

배 위에서 본 마라도_해식애와 그 위의 평탄한 지형이 두드러져 보인다.

살레덕 선착장

대문 바위

루어져 있을 뿐만 아니라, 이후 냉각되고 수축되는 과정에서 형성된 절리(암석에 금이 나 있는 것)가 무수히 발달되어 있음을 관찰할 수 있다. 마라도의 해식 동굴은 대부분 파랑과 여름철에 내습하는 태풍에 의해 두께가 얇은 판상의 용암에 발달한 절리 부분이 끊임없이 강타당하면서 생겨난 것으로 보인다.

마라도는 제주도와 마찬가지로 대륙붕 위에 형성된 하나의 화산체이다. 주변 해역의 해저 지형은 비교적 단순하며 섬에서 조금만 벗어나면 수심이 급격히 깊어져 100m 이상의 수심을 이룬다. 또한 섬 주변에는 한정적으로 작은 수중 암초들이 발달해 있다. 이 같은 암초들은 강한 파도에 의해 파식되어 해안선이 후퇴하면서 생겨난, 일종의 파식대가 주를 이루고 있는 것으로 보인다.

마라도의 육상 식생은 모두 파괴되어 경작지나 초지로 변했으며, 섬 가운데에 해송을 심은 숲이 있을 뿐이다. 반면에 육지에서 멀리 떨어져

국토 최남단비

있으며 섬 주민들이 보호 · 관리를 하고 있어서 해양 생물들은 매우 풍부하고 자연 상태를 잘 유지하고 있는 편이다. 제주도 본섬이나 육지의 연안과는 다른 다양한 난대성 해조류가 서식하고 있으며 해면 동물 6종, 복족류 8종, 갑각류 4종 등의 한국 미기록종이 발견되기도 하였다.

국토 최남단, 마라도

마라도행 배는 제주도 모슬포 항과 송악산에서 출발한다. 가파도를 지나 마라도에 도착하면 멋진 경관을 자랑하는 해안 지형들과 초록색이 펼쳐진 섬이 보인다.

섬의 크기는 걸으면서 둘러봐도 될 정도이지만 관광객들을 위해 골프차가 구비되어 있다. 전력난에 시달리는 마라도 주민들을 생각해서라도 여유가 있다면 걸으면서 마라도의 바람과 함께 섬을 둘러보는 것이 섬의 정취를 더 느낄 수 있을 것이다.

섬 전체가 천연 보호 구역으로 지정되어 있는데 이것은 그만큼 섬 전체가 가치 있으며 보호받아야 할 우리의 재산임을 나타내는 것이다.

바람이 많이 불고 북태평양의 시작을 알리는 만큼 넓은 바다가 펼쳐지는 마라도. 이제는 더 이상 외로운 섬이 아니다. 사람들이 꼭 가보고 싶어 하는 우리나라의 최남단이다.

Tip

영화 "연풍연가" 촬영지

1999년 개봉한 영화 "연풍연가"는 제주도를 배경으로 한 영화이다. 영화의 주인공이었던 태희(장동건 분)와 영서(고소영 분)가 일출을 바라보며 키스를 하는 장소가 바로 마라도이다. 아래의 포스터에서도 볼 수 있듯이 가을이면 억새밭과 바람이 어우러져 한 폭의 풍경화처럼 그 경관이 아름답다.

이 영화로 인연을 맺은 장동건과 고소영의 결혼 소식은 한때 화제를 모으기도 하였다. 청춘 남녀가 아름다운 곳에서 촬영하면서 사랑의 감정이 더욱 자라난 것 같다.

연풍연가 포스터

숨겨진 비밀의 섬, 이어도

해녀들의 이상향, 이어도

이엿사나 이여도사나 이엿사나 이여도사나
우리 배는 잘도 간다
솔솔 가는 건 솔남(소나무)의 배여 잘잘 가는 건 잡남(잣나무)의 배여
어서 가자 어서 어서 목적지에 들여 나가자
우리 인생 한번 죽어지면 다시 전생 못하나니라
원의 아들 원자랑 마라 신의 아들 신자랑 마라
한 베개에 한잠(한숨 잠)을 자난(자고 나면) 원도 신도 저운(무서울) 데 없다
원수님은 외나무 다리 질(길)은 무삼(무슨) 한질(같은 길)이드고
원수님아 길막지 마라 사랑 원수 난 아니노라
낙락장송 늘어진 가지 홀로 앉은 우녀는 새야
내님 좋은 영혼이언가 날곳 보면 시시로 운다
시집 삼 년 남의 첩 삼년 언삼년을 살았다마는

열두 폭의 도당치매(치마) 눈물로다 여무왔드다(여며 왔다)
임아 임아 정한 말하라 철구(절구) 뒤에 놈우(절구공이)로 알마
임 없어도 날 새히더라 닭 없어도 날 새히더라
임과 닭은 없어도 산다
밤에 가고 밤에 오 손님 어느 개울 누겐중(누구인줄) 알리
저문 앞에 청버늘 남게(나무) 이름 성명 쓰두멍(써 두고) 가라
만조백관 오시는 질(길)엔 말 발에도 향내가 난다
무적상놈 지나간 질(길)엔 질(길)에조차 누린내 난다
강남 가두 돌아나 오다 서울 가두 돌아나 오다
황천질(길)은 조반날질(아침 한나절 길)이언 가난 다시 올 줄을 몰라
강남 바당(바다) 비지어 오건 제주 바당(바다) 배놓지 말라
멩지(명지) 바당(바다) 씰바람(실바람) 불엉(불어) 넋이 부모 돌아나 오게

어렸을 적 우연히 라디오에서 "이여도 사나~ 어이여, 이여도 사나~ 어이여."라는 구성진 가락이 흘러나오는 것을 들은 적이 있다. 후에 연예인들이 TV에서 이 노랫가락을 따라 불러서, 이어도는 우리에게 친숙한 곳으로 자리 잡았다.

"이여도사나 노래"는 제주도의 해녀들이 바다에서 작업하기 위해 배를 타고 바다로 나갈 때 노를 저으며 부르는 노동요이다. 제주도 해안에서만 불리는 이 노래에는 해녀들의 고된 생활상, 죽음을 가정하면서까지 바다로 나서는 해녀의 굳은 의지가 담겨 있다. 지금이야 발달된 통신장비로 일기 예보를 통한 기상 관측을 통해 배를 띄울 것인지 말 것인지를 판단할 수 있지만 이 시대에는 남자들이 배를 띄웠다가 갑자기 기상이 악화되는 바람에 돌아오지 못하는 일이 빈번하였다. 그래서 노래에는

제주 해녀의 모습

죽음에 대한 각오와 함께 바다로 나가 다시는 돌아오지 않는 임을 그리워하여 다시 만날 것을 바라는 마음이 중첩되어 나타난다. 뒤에 소개되는 이어도 설화를 보더라도 이 상황을 짐짓 이해할 수 있을 것이다.

한편 노랫말의 서두에 반복되는 '이여도 사나'는 '이여도에 가자'는 뜻이다. 그리고 여기서 '이여도'의 '여(礖)'는 암초를 가리킨다. 즉 노랫말은 평소에는 암초였다가 풍랑이 심하면 모습을 드러내 암초섬이 되는 이어도의 자연 현상을 보여 주고 있다. 노래에서 말하는 이어도는 제주도 사람들의 정신적인 고향으로 가상의 섬, 피안(彼岸)의 섬이다. 이상향의 섬, 이어도에 대한 이야기는 노랫말뿐만 아니라 다른 전설 속에서도 곧잘 나타난다.

전설의 섬, 이어도

어느 민족이나 어느 나라나 전해 내려오는 이야기가 있다. 흔히 이것을 설화라고 한다. 이어도 역시 제주 사람들의 이상향으로서 알려지기 시작하였으니 그와 관련한 전설을 빼놓을 수는 없을 것이다. 몇 개의 전설 또는 설화를 살펴보자.

영등할망을 모시는 해신당

영등할망 설화

제주 및 해안 지방에서는 영등이 어업과 농업에 도움을 주는 봄바람의 신으로 알려져 있다. 특히 제주도에서는 음력 2월 초하룻날 제주도에 들어와 바닷가를 돌면서 해녀 채취물의 씨를 뿌려 풍요를 주고 어업과 농업에까지 도움을 준 다음, 2월 25일에 본국으로 돌아가는 내방신, 수호신으로 여겨져 지금도 영등굿이라는 마을굿이 이어지고 있다. 이에 대한 설화는 여러 가지가 있는데 대부분 거인의 섬에 표류해 온 제주 어부들을 영등할망이 자신의 몸을 희생하여 고향으로 돌려보내 주었다는 이야기를 담고 있다. 자세한 내용은 다음과 같다.

음력 2월이 가까운 어느 추운 날 영등은 긴 고동나팔을 불며 놀고 있었는데, 바다 위에서 큰 바람이 일어나더니 제주도 한수리의 어부들이 탄 배가 사람을 잡아먹는 외눈박이 거인들의 땅으로 떠밀려 왔다. 큰 왕돌 위에 올라앉은 영등은 사람들을 구하기 위해 배를 인도하여 왕돌 틈에 숨겼다. 외눈박이들은 영등에게 어부들을 찾았지만 영등이 못 봤다고 하자 할 수 없이 돌아갔다.

영등은 어부들을 불러내어 배 뒤에서 순풍을 불어 무사히 제주 땅 한수리로 돌아갈 수 있게 해 주었다. 그러나 어부들이 한수리로 거의 다 갔을 즈음 다시 광풍이 불어왔다. 살려 달라는 울부짖는 소리를 들은 영등은 다시 한 번 왕돌 틈에 그들을 숨기고 그들이 무사히 돌아갈 수 있도록 순풍을 불어 주었다. 어부들이 돌아간 직후 외눈박이들이 개를 데리고 나타났다. 외눈박이들은 영등이 어부들을 숨겨 준 것을 눈치 채고 화가 나 영등을 갈기갈기 찢어 바다로 던져 버렸다. 제주 주민들은 옥돔 어장으로 최고인 왕돌에서 자신들을 살려 주었던 영등의 마음을 기리며 보름동안 각 마을마다 굿을 했다. 영등의 영혼은 봄바람을 불게 해 주는 신이 되어 어부들이 어업 활동을 할 때 그들을 지켜주는 수호신의 역할을 하게 되었으며 어부들은 옥돔을 잡으러 '옥도미 바당(바다)'인 암반 지대의 가장자리 '걸팥가'의 왕돌이 있는 곳에 도착하면 영등한테 고기잡이를 왔노라 인사부터 드린다.

남 선비 이야기

남선 마을에 사는 남 선비와 여산 부인 사이에는 일곱 명의 아들이 있었다. 두 내외가 부지런히 일했지만 흉년이 들었고 날이 갈수록 식량은 떨어졌다. 게다가 아이들은 공부를 하고 싶다며 책을 사달라고 졸라댔다. 남 선비는 안 되겠다 싶어 여산 부인의 만류에도 어쩔 수 없이 바다 건너 멀리 가족을 위해 식량을 구하러 나가게 되었다.

그런데 3년이 지나도 남 선비는 돌아오지 않았고 여산 부인은 매일 바닷가에 나가 기도를 하며 밤새 마을을 누비고 다녔다. 결국에는 생사라도 확인하고자 실타래 끝에 얼레기(큰 빗)를 매달아 바다에 던지며 기도를 했으나 아무 것도 걸려 올라오는 게 없어 남 선비가 바다에서는 죽지 않았을 것이라 생각했다. 급기야 어머니를 지켜보던 일곱 형제들이 자신들이 아버지를 찾겠다고 나섰다. 결국 여산 부인과 일곱 명의 아들들 모두가 남 선비를 찾으러 가기로 하고는 한라산에 들어가서 큰 나무를 잘라 배를 만들고 바다에 띄웠다. 도중에 풍랑을 만나 죽을 고비를 맞기도 했으나 용감하게 극복하여 결국 어느 섬의 부두를 발견하였다. 그곳에는 남 선비의 배도 있었다. 드디어 여산 부인과 일곱 명의 아들들이 남 선비를 만나게 된 것이다. 남 선비는 식량이 많은 이 섬을 발견하고는 필요한 것을 구하고 떠나려 했으나 그때마다 풍랑이 심해져 고향으로 돌아오지 못했던 것이었다. 남 선비 가족이 떠나려 할 때도 그것은 마찬가지였기 때문에 남 선비 가족은 그 섬에 남았고, 오래오래 행복하게 살았다.

모슬포의 이어도 전설

일본인 다카하시가 채집한 모슬포의 이어도 전설에서는 다음과 같이 말한다.

옛날 고려 시대 충렬왕 3년에는 원의 지배를 받아 목관이 와서 통치하기 시작했다. 그때부터 원이 멸망할 때까지 제주에서는 매년 공물을 중국으로 보내야만 했다. 이러한 시절, 대정의 모슬포에 강 씨라는 해상 운송업의 거간이 있어서 매년 수척의 큰 공물선을 북쪽의 산둥으로 띄워 보냈다. 하지만 강 씨가 보낸 배는 단 한 척도 모슬포로 돌아오지 못했고 강 씨가 탄 배 또한 마찬가지였다. 강 씨에게는 부인이 있었는데 그녀는 너무 슬퍼 '아아, 이허도야 이허도'로 시작하고 끝나는 슬픈 곡조의 노래를 지어 불렀다.

고동지와 여돗할망

또 하나의 전설은 진성기가 조천에서 채록한 전설이다.

옛날 조천리에 고동지라는 남자가 살고 있었다. 그는 어느 해인가 중국으로 국마 진상을 가게 되었다. 어느날 바람이 좋고 바다가 잔잔하자, 고동지는 동료들과 함께 말을 잔뜩 싣고 순풍에 돛을 달고 조천 포구 수진개를 출발했다. 그런데 배가 수평선에 이르자 갑자기 폭풍이 불어 닥쳐 표류하기 시작했다.

고동지는 몇날 며칠을 표류하다 한 섬에 표착했는데, 이때 고동지는 동료들을 모두 잃었다는 사실을 알게 되었다. 그리고 도착한 곳이 '이어도'라는 것을 깨달았다. 이곳은 고기잡이 간 남자들이 큰 태풍 때문에 돌아오지 못해 과부들만 사는 섬이었다.

과부들은 고동지가 표착하자 너무나 좋아하여 각 집마다 돌아가면서 묵도록 하였다. 고동지는 어느 날부터인가 고향의 아내와 부모 형제가 보고 싶어져서, 밤마다 바닷가를 배회하면서 멀리 수평선 너머를 바라보며 그리워하는 노래를 불렀다. 강남으로 가는 절반쯤 길에 이어도가 있으니 나를 불러 달라는 노래였다. 마을 여인들은 이 노래를 알게 되자 슬퍼하였다. 그 즈음 아내도 슬픔을 이기지 못해 "이어도하라 이어도하라 이어 이어 이어도하라 이엇말하민 나 눈물 난다."란 노래를 지어 불렀다.

그 후 고동지는 중국 상선의 도움으로 무사히 귀향하게 되었다. 이때 이어도에서 한 여인이 고동지를 따라 제주도로 갔다. 고향에서는 태풍으로 죽은 줄로만 알았던 고동지가 살아 돌아오자 크게 기뻐하며 잔치를 열었고, 이들 모두 한 가족이 되어 가정을 꾸렸다. 마을 사람들은 이어도에서 고동지를 따라온 여인을 '이어도의 할머니'라는 뜻의 '여돗할망'이라 불렀고 그녀가 죽은 후에는 마을 당신으로 모셨다. 지금 조천리의 '장귀동산당'이 그 여인의 제단이다.

동김녕리 설화

현용준과 김영돈이 동김녕리에서 채록한 설화에서도 이어도가 나오는데 그 내용은 다음과 같다.

옛날 어느 마을에 사는 부부가 있었다. 남편은 아내를 버려두고 '이여도'로 가서 첩을 두고 살고 있었다. 남편을 잃어버린 아내는 시아버지를 모시고 살고 있었는데 어느 날 시아버지에게 남편을 찾으려고 하니 배 한 척 지어 달라고 부탁을 하였다. 시아버지는 며느리를 위해 나무를 베어다가 배를 만들었다. 어느 화창한 날 며느리는 시아버지와 함께 남편이 살고 있는 이어도로 향했다. 며느리는 '이여도싸나, 이여도싸나' 뱃노래를 부르며 험난한 길을 노를 저어 이어도에 도착했더니 남편은 새 아내와 살고 있었다. 아버지와 본처의 설득으로 가족 모두가 배를 타고 고향으로 향하는데, 갑자기 풍파가 몰아닥쳐 사고를 당하고 말았다. 그 후, 고향 사람들은 그 가족들을 불쌍히 생각하여 당제를 지내듯 늘 제사를 올렸다.

이렇듯, 전설은 전해져 내려오는 과정 중에 변형되기도 한다. 파도가 치면 보이지 않는 수중 암초 '이어도'가 우리 조상들의 삶에 있어서는 마음속에 자리 잡은 한 공간이 되어 온 것이다.

대한민국의 영토, 이어도

이어도는 어떤 섬일까? 우리는 보통 '~도'라는 지명이 붙게 되면 '섬' 지역을 가리키는 것이라 생각한다. 만약 일반적인 표현대로 '이어도'를 섬으로 여긴다면 우리나라의 최남단은 마라도가 아닌 이어도가 되어야 한다. 최근 이어도가 포함된 대한민국 전도 바꾸기 운동이라든지, 이어도를 국토 최남단으로 정해야 한다는 목소리가 높아지고 있다. 하지만 아직까지 이어도는 '섬'이 아니라 '암초'이고 우리 교과서에는 대한민국의 최남단이 마라도라고 기재되어 있다. 이어도는 해수면에서 약 4.6m 아래에 있는데 태풍이 와서 파도가 높게 칠 때에만 그 모습이 드러난다.

'이어도는 제주 땅' 수중 표석

인터넷 포털 사이트에 이어도를 검색해보면 "이어도는 1900년 영국 상선인 소코트라(Socotra)호가 처음 발견하여 그 선박의 이름을 따서 국제적으로는 '소코트라 암초(Socotra Rock)'라 불린다."라고 나온다.

하지만 이어도는 그 이전 시대에도 그 존재가 알려져 있었다. 제주도 사람들의 정신적인 고향이라는 말에서 유추할 수 있듯이 오래전부터 이상향의 존재로서 여겨져 왔는데 이는 제주 사람들에게 이어도가 실재한다고 생각되었기 때문일 것이다.

사람들이 이어도에 대해 인지하고 있었다는 것은 제주도에 관한 옛 문헌을 살펴보면 알 수 있다. 『원사』의 '고려전' 및 '탐라전'에서 제주 섬을 기점으로 하는 해로에 관한 기록을 찾아볼 수 있는데 동아시아 및 동남아시아의 해로는 제주 섬을 기점으로 제주 사람들에 의해 개척되었고 주변 국가에서도 이미 알고 있었다는 추론이 가능하다.

뿐만 아니라 17세기에 조선에 표류했던 하멜의 표류기를 실은 『하멜표류기』에도 이어도로 추정되는 암초를 언급한 내용이 수록되어 있다. 하멜은 "8월 1일 새벽에 우리는 조그마한 섬 근처에 있다는 것을 알게 되었다. 어떻게 해서든 섬 뒤편에 닻을 내릴 만한 장소를 찾으려고 최선을 다했다. 결국 위험을 무릅쓰고 우리는 닻을 내리는 데 성공했다. 그 섬 바로 뒤편에 큰 암초가 있었기 때문에 우리는 닻을 내린 상태로 있어야만

Behoort bij: Werken uitgegeven door de Linschoten-Vereeniging. Deel XVIII

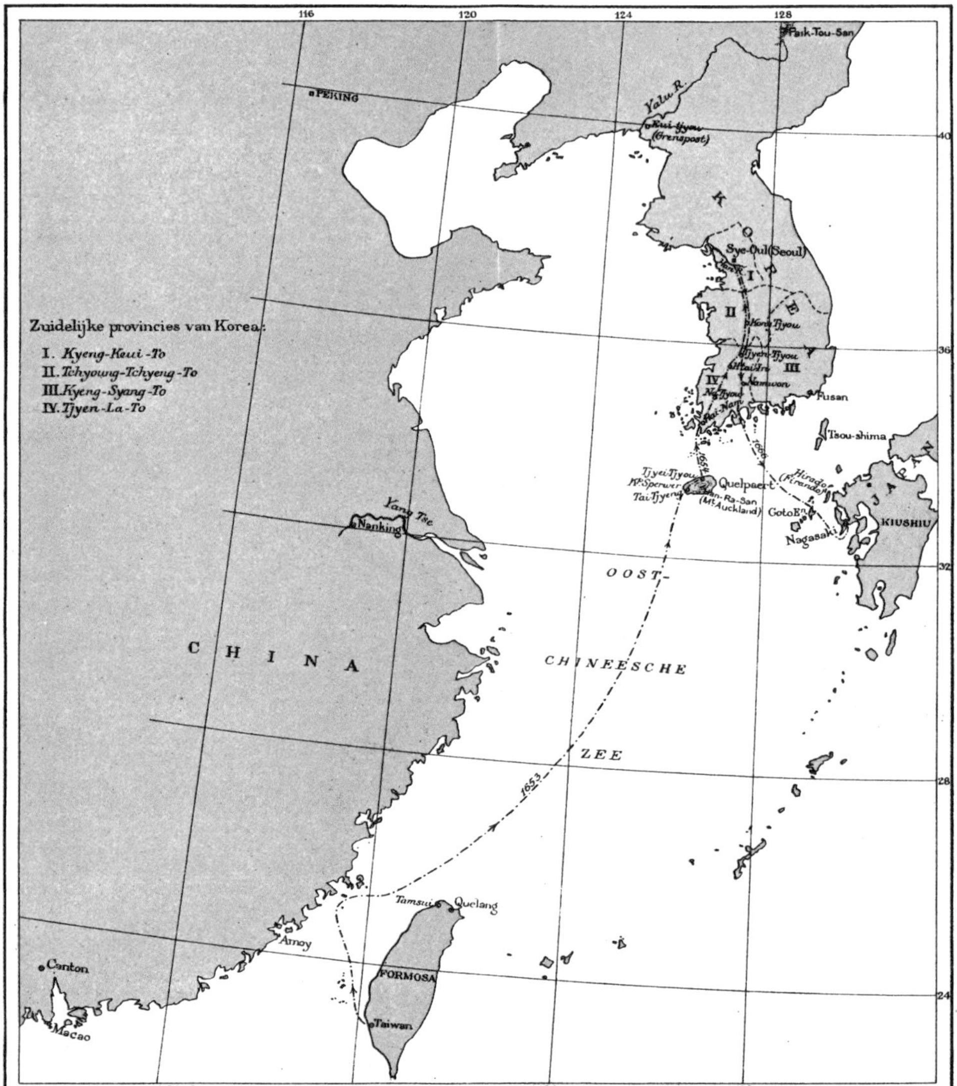

—·—·—·— Tochten van Hendrik Hamel in 1653, 1654 en 1666. *Lith. J. Smulders & Co., Den Haag.*

하멜 일행의 동아시아 해역 항해도_1920년판 『하멜 표류기』에 실린 지도로 하멜 일행이 제주도로 향한 해로에서 이어도를 거쳤을 가능성이 있음을 시사해 준다.

했으며 바다는 더욱더 거세어졌다."라고 표현하였다.

이렇게 이어도는 고문헌이나 고지도에서 볼 수 있듯이 아주 오래 전부터 우리 선조들의 인식 영역에 있었다. 앞서 이어도에 관한 민요와 설화, 전설을 보더라도 이어도는 제주도 주민들에 의해 이미 우리의 영토로서 자리 잡고 있었던 것이다.

이러한 이어도가 국제적으로 발견된 것이 영국 상선인 소코트라호에 의해 발견되면서부터이다. 그리고 1910년 영국 해군 측량선 워터 위치(Water Witch)호에 의해 해저 5.4m밖에 안 되는 암초로 확인 측량되었다.

우리나라는 1951년 국토 규명 사업을 벌이던 한국 산악회와 해군이 공동으로 이어도 탐사를 실시한 결과, 높은 파도 속에 실체를 드러낸 이어도 정상을 확인하고 '이어도'라고 새긴 동판 표지를 수면 아래 암초에 가라앉혔다.

이후 1984년 3월 제주대 탐사팀은 이곳의 물살이 매우 빨라 수중 암초 정봉(4.6m) 부근을 지나면서 항상 파랑이 인다는 이유로 '파랑도(波浪島)'라 이름 붙였다. 옛 설화를 보더라도 이 섬에 우연히 갔다가 다시 돌아오지 못했다는 내용이 있는데, 먼 옛날 파고가 10m쯤 되어야 보이는 이 섬에서 당시 어선들이 무사히 귀항하기는 어려웠을 것이다.

1990년대 후반에 '한중 어업 협정' 체결을 위한 교섭 과정에서도 제주도에서는 이어도에 수중 표석을 세우며 이어도와 그 주변 지역에 대한 관심을 표시하였다. 현재의 명칭은 2001년 국립지리원이 확정지었다.

이어도의 가치

현대 사회에서는 아직도 영토 분쟁 때문에 논란이 일어나는 곳이 많이 있다. 안타깝지만 우리나라는 일본과의 독도 갈등뿐만 아니라 중국과의 이어도 등으로 인한 영토 분쟁에도 시달리고 있다. 그렇다면 이어도는 어떤 존재이기에 다른 나라에서 이토록 탐을 내고 있을까?

일찍이 제주도 어부들은 낚시 등을 즐겼고 이어도 해역은 제주도의 일부로 여기며 생활하였다. 별다른 문제없이 이어도 어장에 접근하여 옥돔 등 조업 활동을 펼쳤다. 하지만 단순히 이러한 사실만으로 중국이 이토록 탐을 내는 것일까?

이어도는 경제적으로 아주 중요한 가치를 담고 있다. 이어도는 한반도와 중국 대륙 사이에 있는 동중국해 대륙붕의 중앙에 위치한다. 대륙붕은 해양 광물 자원이 풍부한 곳으로 현대 사회에서 꼭 필요로 하는 자원인 석유가 매장되어 있는 곳이다. 이어도 해역 주변도 석유와 천연가스 등의 해저 자원이 매장되어 있다고 알려지고 있다. 우리가 현재 많이 쓰고 있는 자원들이 고갈 위기에 있고 특히 소비량의 대부분이 수입에 의존하고 있는 우리나라의 경우 해양 석유 자원을 적극적으로 개발해야 한다. 그러기 위해서는 특히 대륙붕에 대한 해양 관할권 확보가 이루어져야 할 것이다.

이 외에도 수많은 종류의 어족 자원이 존재한다고 알려져 있다. 이곳의 주변 해역은 어장 형성에 필요한 좋은 환경을 두루 갖춘 황금어장이다. 즉, 이어도 해역은 물고기의 먹이가 되는 플랑크톤이 풍부하여 조기, 민어, 갈치, 도미, 장어, 고등어, 삼치, 오징어, 꽃게 등 어족 자원이 상당히 풍부하다.

또한 이어도의 항로를 통해 움직이는 물자들도 상당하다. 그러므로 해상 교통로를 확보하는 것도 중요하다. 이런 의미에서 이어도의 경제적인 가치는 매우 중요한 것이다. 해상 교통로나 해양 활동에 있어서 군사력

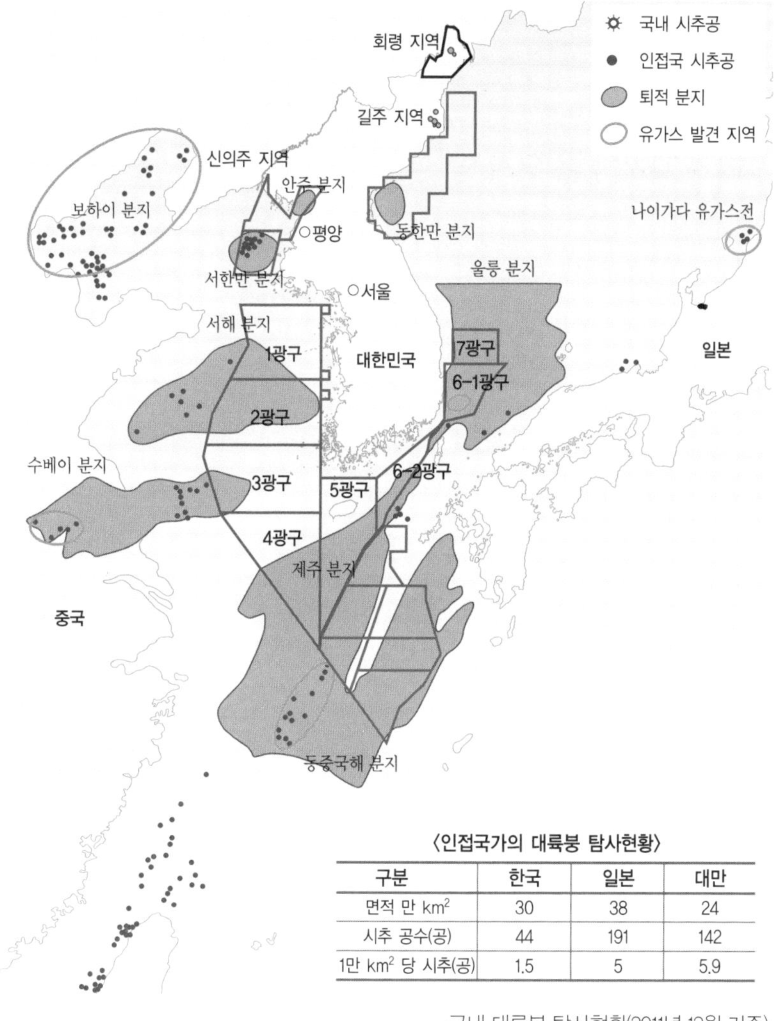

〈인접국가의 대륙붕 탐사현황〉

구분	한국	일본	대만
면적 만 km²	30	38	24
시추 공수(공)	44	191	142
1만 km² 당 시추(공)	1.5	5	5.9

국내 대륙붕 탐사현황(2011년 12월 기준)

을 통한 통제권의 확보도 마찬가지로 중요한 사안이기 때문에 군사적 중요성 또한 강조되고 있다.

이렇게 중요한 역할을 하고 있어서인지 독도만으로도 머리가 아픈 이 시점에 이어도 역시 우리가 관심을 가지고 지켜야 할 국토가 되었다. 당연히 우리의 땅인데 다른 나라가 자기네 땅이라고 우기고 있는 것이다.

우리가 지켜야 할 우리 땅

이어도는 태평양으로 나가는 바다의 중앙에 있으며 거리상으로 마라도에서 149km, 중국 서산다오로부터는 287km, 일본 나가사키 현 도리시마에서는 276km의 거리에 위치해 있다. 국제 사회의 일반 기준인 중간선을 적용하면 한국의 관할 수역에 포함된다. 이렇게 명백한 우리의 영토인 이어도를 중국은 '쑤엔자오'라고 부르며 우리나라가 우리 땅 제주도 서남쪽에 있는 이어도에 해양 관측소를 설치한 데 대해 일방적인 행동이라며 불만을 표하고 있다. 이에 대해 우리나라는 "이어도 수역은 한국 측에 근접한 수역이라 우리가 명백한 권리를 갖고 있다."라고 반박하였지만 사실 반박하기도 자존심 상한다.

이어도는 한국의 남해 대륙붕에 위치하며 중국보다 75해리 더 가까운 거리에 있으며 우리나라의 배타적 경제 수역(EEZ) 내에 있다. 배타적 경제 수역은 연안국이 경제적인 사안에 관한 배타적 권리를 갖고 있기 때문에 우리나라는 이 구역에 관해서 해저 자원을 탐사할 수도 있고 개발을 할 수 있으며 인공섬과 대규모 시설을 세울 수도 있다. 그런데도 중국은 외교적으로 한국에 시비를 걸고 있는 것이다.

이어도의 위치

중국은 이어도뿐만 아니라 춘샤오 해역도 일본과 배타적 경제 수역를 획정하지 못한 상태에서 개발을 시작했고 베트남, 필리핀, 대만, 인도네시아, 브루나이 등과 갈등 중인 난사 군도에서도 베트남과 해상 자원 개발에 나설 준비를 하고 있다. 이렇게 중국은 경제 성장을 위해 자원 확보를 해 두려 하면서 남의 것에 욕심을 내고 있다.

이어도는 분명 위치상으로도 보아 우리측에 더 가깝기 때문에 우리나라의 배타적 경제 수역 및 대륙붕으로 판단되는 수역임은 국제법상으로도 분명하다. 우리나라는 이러한 상황을 항상 주시하여 우리의 것을 지켜내야 할 것이고 국민들 역시 관심을 기울여야 많은 힘이 되어 다른 나라에 어이없게 뺏기는 일이 없을 것이다.

이어도 종합해양과학기지

다른 나라와의 논란이 있었지만 이어도는 2003년 종합해양과학기지를 세우면서 더 이상 신화 속에 존재하는 섬이 아닌 과학적으로 중요한 역할을 담당하는 섬이 되었다. 높이 36m, 연면적 400평의 규모로 건설된 종합해양과학기지는 우리나라의 기상과 해양 관측의 수준을 한층 더 올려 주는 중요한 구실을 하고 있다.

이어도의 정상부는 수심 4.6m이고, 수심 40m까지는 굴곡이 매우 심하다. 정상부를 중심으로 북서 방향으로는 52m까지 수심 변화가 급하게 낮아지다 다시 50m로 높아지지만, 50m 수심 지역은 비교적 경사가 완만하다. 이어도 종합해양과학기지의 설치 위치는 이어도 정봉으로부터 남쪽으로 약 700m 떨어진 곳으로 수심은 41m이다.

이곳에서는 파도, 조석, 해류 등의 바닷물의 움직임과 수온, 염분, pH, 대기의 변화, 이산화탄소 등을 측정할 수 있는 최첨단 관측 장비를 통해 얻은 자료들은 무궁화 위성을 통해 실시간으로 전송된다. 이것을 바탕으로 태풍 예보의 정확도를 높이고 재해를 예방하는 데 사용되고 있다. 또한 지구의 기후 변화에 영향을 미치는 쿠로시오 해류와 대만 난류를 관측할 수 있는 길목에 있어 우리나라를 비롯한 북서태평양 지역의 기후 변화와 해양 환경 특성을 파악할 수 있는 자료를 얻을 수 있다.

이어도 기지는 육지에서 관측하기 힘든 현상을 관측하기도 한다. 예를 들어 태풍, 황사, 장마 전선의 이동 감시, 대기 중 방사능 농도 감시,

대기와 해양의 기후 변화 원인 물질인 이산화탄소 관측 등을 수행한다. 태풍의 세기와 진행 방향, 피해 정도를 예상하는 데에도 중요한 역할을 하고 있다. 예를 들어, 2003년 한반도를 강타한 태풍 '매미'의 예보 활동으로 약 4조 5000억 원에 달하는 태풍 피해액을 줄일 수 있었다. 또한 이곳은 해양 경찰의 수색 및 구난 장소로도 활용되고 있다.

이어도의 미래

어민들의 마음속 가상의 섬이었던 수중 암초가 오늘날 국가의 요충지로 자리매김하고 있다. 한 나라의 방위의 목적으로 영토, 영해, 영공을 설정하였고 방위의 필요성이 더욱 증대되면서 배타적 경제 수역의 구역도 늘어나게 되었다. 특히, '바다'라는 공간은 연안국의 역사와 성장에 직결되어 있다. 예를 들어 이순신 장군은 해상권을 장악함으로써 왜란의 종결에 결정적인 역할을 했다. 뿐만 아니라 나라 간의 교역도 바다를 통해 이루어져 왔다. 현대에 와서도 바다의 역할은 변함이 없다.

이어도 3차원 해저 지형도

한쪽은 육지와 연결되어 있고 나머지는 바다로 연결되어 있는 한반도의 지리적인 특성상 21세기 동북아 지역의 요충지 역할을 할 것

이라고 여겨지고 있다. 하지만 현재 북쪽이 휴전선으로 가로막혀 있어 통일을 이루기 전까지 대한민국은 섬나라나 다름없다. 따라서 바다에서의 활동은 우리나라가 세계로 진출하기 위한 유일한 발판이라고도 할 수 있다. 이것이 우리 바다를 단단히 지키지 않으면 안 되는 이유 중 하나이다.

우리나라의 이어도는 중추적 과학 기지로서 그 역할을 잘 수행하고 있

동해상에 진출한 태풍 '매미'

으나 그럴수록 중국의 침탈 행위가 더해 가고 있다. 이러한 행위를 막는 가장 좋은 방법은 우리 국민들의 애국심을 고취하여 뜨거운 관심을 불러일으키는 것이다. 그것이야말로 우리의 영토를 우리 손으로 지켜 내는 길이다.

이어도 종합해양과학기지

우리나라 영토의 범위를 다른 나라가 자기 소유라며 말도 안 되는 소리를 하는 일이 다수 발생하고 있다. 특히 '독도' 문제는 언론의 제보를 통해 많은 여론들이 그 심각성을 알고 지켜 내기 위해 목소리를 높이고 있다. 그러나 이제는 독도뿐만이 아니라 만주와 간도, 이어도에 대한 관심까지도 높여야 할 때이다.

이어도는 분명 우리가 지켜야 할 우리의 영토이다. 대한민국 영토 최남단이라 하면 우리는 '마라도'를 떠올리지만 이제는 대한민국 영토 최남단이 '이어도'라고 감히 말하고 싶다.

이어도를 지키기 위한 노력

중국이 이어도를 중국 영토라고 어이없게 주장하고 있는 지금, 우리나라의 대응책 몇 가지를 살펴보자.

이어도의 날

1952년 1월 18일 우리나라가 인접 해양에 관한 주권 선언을 공포하면서 관보를 통해 이어도가 대한민국 영토 안에 있다고 고시했던 날을 기념하여 '1월 18일'을 '이어도의 날'로 정하였다. 그리고 이어도가 속해 있는 지방 자치 단체가 기념 행사를 행하고 민간 단체에 위탁할 수 있는 근거를 마련하기 위해 '이어도의 날 제정법을' 2011년 1월 3일 발의했으나 불발로 끝났다. 하지만 불발에 그친 '이어도의 날'을 제정하자는 목소리는 더욱 커지고 있다.

제주특별자치도 이어도의 날 조례안이 제안된 또 다른 이유는 국가적인 요충지화가 되고 있음에 따라 제주인의 영원한 이상향으로서의 이어도를 대내외에 각인시키고 도민의 자긍심을 높여 나가기 위해서이다.

이어도의 주소 부여

일본은 자신들의 해역을 더 확보하여 각종 자원을 획득하기 위해 1988년 도쿄에서 남쪽으로 1740km 떨어진 태평양에 파도가 조금만 높아도 물에 잠겨 버릴 정도의 크기인 '오

일본이 최남단 영토로 주장하고 있는 오키노토리

키노토리'라는 암초 주변에 방파제를 쌓는 등 '인공 섬'으로 만들어 내고 '오키노토리시마'로 명명한 후 번지를 부여하고 주민들의 본적지를 이전하면서 일본의 최남단 영토라고 주장하고 있다.

이에 따라 우리나라도 이어도를 '인공 섬'으로 만들고 번지수를 부여하자는 목소리가 나오고 있다. 2007년 가칭 '제주특별자치도 서귀포시 해(海) 1번지'라는 지번을 부여해 제주도 소관으로 귀속시키자는 제안이 있었지만 아직 확정되지는 않았다. 만약, 인공 섬으로 만들어진다면 우리나라의 배타적 경제 수역은 더 넓게 확보가 될 것이며 우리나라의 최남단은 '이어도'라는 사실이 더욱 명확해질 수 있다.

마라도에 '이어도 해양 체험관' 설치하기

이어도와 가장 가까운 마라도에 '이어도 해양 체험관'을 설립하여 이어도 문제를 해결하고 이어도를 적극 활용하기 위해 추진해야 한다는 주장이 나왔다. 이곳에서는 4차원 영상이 구현되는 이어도를 체험할 수 있도록 하고 이어도를 발판으로 태평양을 무대로 하는 다양한 전시와 체험 상품들을 개발해야 한다는 목소리가 나오고 있다.

바다 여행

고충석 이어도연구회 이사장은 사람들에게 바다에 대한 의식을 끌어올리기 위한 방안으로 '바다 여행'을 꼽았다. 그는 바다 여행이 미래의 블루오션이 될 것이라고 하면서 전 세계의 바다를 체험하고 구경하고 오감으로 감지하는 기회를 부여하고자 여행이라는 수단을 택한다고 했다. 이어도로 가는 길에 일상적 바다 여행을 하는 것이다. 이렇게 바다와 친해지다 보면 바다를 사랑하고 이와 관련된 이어도의 관심과 애착은 더 커질 것이라 생각된다. 그러한 한 예로 탐험가 최종열씨는 무동력 보트를 타고 서해 인천 덕적도로부터 제주도, 최남단 이어도, 여수, 통영, 동해에 최동단 독도까지 항해하는 데 성공해 냈다. 74일간의 이 긴 여정은 다큐멘터리로 제작되어 우리 바다의 장대함과 아름다움을 알리는 데 한몫을 했다.

속 속 들 이 살 펴 보 는 우 리 땅 이 야 기

| 제4장 | 분쟁의 위기에 놓인 독도

아름다운 독도의 비경

안개가 잦은 섬, 독도

흐린 안개 속에 감추어진 독도는 맑은 날을 찾아보기 힘들다. 하지만 맑은 날에는 울릉도에 그 모습을 내비칠 정도로 우리와 가까이 있다. 독도와 울릉도의 거리는 87.4km로 서울에서 천안까지의 거리와 비슷하며, 동해안의 죽변에서는 동쪽으로 216.8km, 대략 서울에서 대구까지의 거리로 가늠할 수 있다. 한편, 독도에서 남동쪽으로 157.5km 가면 일본 시마네 현의 오키 섬이 나온다. 오키 섬은 일본에서 독도와 가장 가까운 곳이지만, 맑은 날에도 독도가 보이지 않는다.

왜 독도라고 부를까

독도는 역사적으로 볼 때 우산도–삼봉도–가지도–석도라는 이름을 거쳐 마지막으로 독도라는 명칭을 얻게 되었다. 우산도라는 명칭은 신라 지증왕 13(512)년 "6월에 우산국이 신라에 속했다."라는 『삼국사기』 기록에서 찾을 수 있다. 여기서 말하는 우산국은 울릉도의 옛 이름으로 그 부속 도서인 독도도 우산이라는 명칭을 사용하였으리라 유추할 수 있다. '우산'은 고구려 말로 위쪽의 높은 지대, 높은 산이라는 뜻을 가지고 있다. 이것을 통해 그 당시 울릉도 및 독도가 급경사의 가파른 지형으로 형성되었음을 알 수 있다.

1471년 독도는 세 개의 봉우리를 가진 삼봉도라는 명칭으로 나타난다. 그러다가 1794년에는 가지도라 불리게 되는데, '가지'는 물개라는 말로 물개가 많은 섬이라는 뜻이다. 당시 독도에는 겨울에 물개가 떼를 이

안개 속 독도

높은 산, 우산도라 불렸던 독도

루어 나타났다. 그러나 일제가 우리 민족을 수탈하던 역사와 함께 독도 부근의 물개도 멸종하기에 이른다. 을사늑약이 체결된 1905년, 독도에서 물개의 독점 포획권을 갖게 된 일본 수산업자 나카이는 6년 동안 무려 1만 4000여 마리의 물개를 죽여 가죽을 벗겨 갔다. 이후 나카이는 22년 동안 독도에서 물개 어업권을 행사하며 우리나라로 오는 물개의 흔적을 지워 버렸다. 이와 같은 일이 있은 후 물개들은 더 이상 동해를 찾지 않았다고 한다.

1900년 10월에 발포된 '대한 제국 칙령 41호'에서 울릉도를 울도군이라 부르고 군수를 파견하면서 울릉전도, 죽도, 석도를 관할하도록 정하였다. 여기서 울릉전도는 울릉도를, 죽도는 울릉도 동쪽에 접해 있는 죽

독도의 봄(왼쪽 위), 여름(오른쪽 위), 가을(왼쪽 아래), 겨울(오른쪽 아래)

서도를, 석도는 독도를 가리키고 있다. 석도(石島)라는 명칭은 '돌섬'이라는 이름을 한자어로 옮겨 놓은 것으로서 섬 자체가 바위로 되어 있다는 뜻이다.

이러한 변천을 거쳐 우리가 현재 부르고 있는 독도라는 명칭은 1906년 울릉군수 심흥택에 의해서 처음 사용되었으며, 1914년 행정구역 개편으로 강원도에서 나와 경상북도에 편입되어 오늘날까지 이르고 있다.

현재 '독도(獨島)'로 표기되는 이름의 유래를 알아보자. 외로운 섬이었기 때문일까? 혼자인 섬이기 때문일까? 사실 진짜 이유는 석도의 뜻풀이,

돌섬에서 찾을 수 있다. 독도의 초기 이주민은 전라도 남해안 출신의 사람들이었는데, '돌섬'이 전라도 출신 사람들에 의해 '독섬'으로 발음되면서 독도(獨島)로 표기되었던 것이다. 외로울 독(獨)자로 인해 외롭고 쓸쓸한 섬이라는 인식이 강했는데 막상 유래를 알고 보니 웃음이 절로 난다.

독도의 사계

우리나라는 봄, 여름, 가을, 겨울의 사계절이 뚜렷한 특징을 가지고 있다. 독도도 예외는 아니다. 관광지를 둘러보면 동일한 장소의 사진이 춘하추동 색색이 다른 옷을 입고 매력을 뽐내며 걸려 있다. 독도의 사계 또한 계절마다 다른 옷을 입은 듯 한껏 맵시를 뽐낸다.

봄

독도에도 봄 소식을 전하기 위해 꽃이 핀다. 길 주변에 핀 노란색 작은 꽃이 마치 유채꽃과 같다. 알고 보니 유채꽃이 아니라 개갓냉이 꽃이라고 한다.

귀에 익숙하지 않은 풀 이름, 개갓냉이. 개갓냉이는 시골 흙길을 걸을 때 많이 봐 온 풀이다. 별로 귀하다고 생각하지도 않았고 꽃이 예쁘다고 생각해 본 적은 더 더욱이 없는 그 풀. 그 풀이 독도의 봄을 이렇게 화사하게

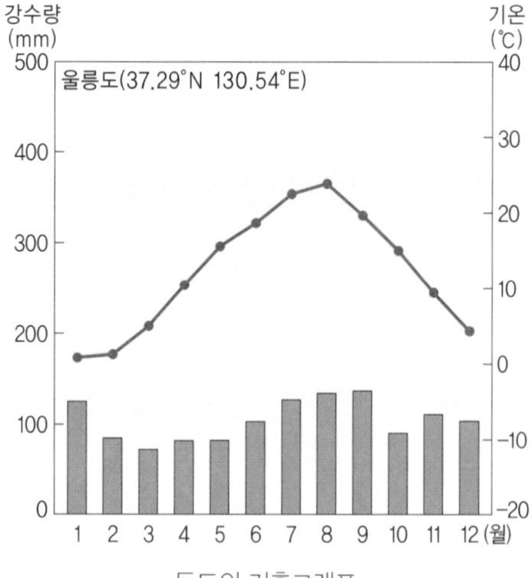

독도의 기후그래프

내륙의 개갓냉이 풀과 내륙의 개갓냉이 꽃

수놓을 줄 누가 알았단 말인가? 제주에 유채꽃, 진해에 벚꽃, 구례에 산수유, 광양에 매화가 있다면 독도의 봄에는 개갓냉이 꽃이 있다.

여름

독도의 여름은 변화무쌍하다. 암석밖에 없어 초록이 돌섬을 덮을 리 만무하다고 생각할 수 있지만, 독도의 모습은 초록이다. 녹음을 드리운 독도는 해양의 영향을 많이 받기 때문에 여름에는 입도하는 것이 그리 쉽지 않다. 출렁이는 파도를 이겨 가며 섬에 다가갔을지라도 선착하지 못하고 발을 돌리는 경우가 많다.

독도의 여름을 빛내 주는 꽃은 갯메꽃이다. 갯메꽃은 내륙의 나팔꽃과 그 모습이 매우 닮았다. 갯메꽃은 바닷가와 같이 모래 섞인 땅, 배수가 잘 되는 땅에서 잘 자란다. 꽃은 여름이 다가오는 6월경에 피는데 연분홍 꽃잎이 수줍은 꼬마의 볼을 닮았다. 갯메꽃은 아침이 되면 활짝 피고 저녁이 되면 잎을 오므린다. 갯메꽃은 식용으로 사용할 수 있는 야생화인 반면, 나팔꽃은 관상용으로 재배된다. 갯메꽃과 비교하자면 나팔꽃의

색깔은 진하며 7~8월에 개화한다. 나팔꽃은 주로 울타리에 덩굴을 이루며 자라고 햇볕을 좋아하는 식물로 여름에 볼 수 있다.

가을

푸릇푸릇한 녹음이 한풀 꺾이며 독도에도 낭만의 계절이 다가온다. 암석의 갈색 표면이 가을의 분위기를 한층 돋우고 암석 사이에 자란 왕해국, 구절초가 낭만을 노래한다. 바위틈에 어디 흙이 있어 뿌리를 내리고 꽃을 피웠을까? 식물들의 생존 본능이 대단하다.

가을은 국화의 계절. 독도에서도 왕해국이 손님을 맞이한다. 왕해국은 우리나라가 원산지로 바위틈에서 서식하며 9월경에 귀한 얼굴을 활짝 펼친 채 해맑게 개화한다. 왕해국의 연보랏빛 꽃잎은 오묘한 매력으로 사람들의 시선을 끈다.

겨울

독도의 야생화들도 겨울에는 숙면을 취한다. 바닷바람 맞으며 봄부터 가을까지 쉼 없이 생명 활동을 하느라 힘들었으니 쉴 법도 하다. 독도는 바다의 영향을 많이 받기 때문에 눈이 자주 내린다. 눈이 내린 날의 사진은 어슴푸레한 구름 때문에 분위기가 으스스하다. 먹구름 낀 모습이 곧 파도가 칠 것 같고 커다란 파도 한 방에 독도가 잠겨 버릴 것만 같다. 그렇지만 독도는 꿈쩍하지 않고 제자리를 지키며 굳건히 서 있다.

독도의 봄, 여름, 가을, 겨울에는 위에서 소개하지 못한 다양한 식물이 많다. 따뜻한 여름는 참나리, 중나리, 날개하늘나리, 초종용, 갯사상자, 고추나물, 대나물, 명아주, 번행초 등이 아름다움을 뽐내며 꽃을 피운다.

갯메꽃(위 왼쪽)과 나팔꽃(위 오른쪽), 아래는 왕해국

서늘한 가을에는 구절초, 박주가리, 참억새, 쇠무릎, 술패랭이, 마디풀, 쥐명아주, 대나무가 제각기 고유의 향을 퍼트리며 꽃을 피운다. 이들의 이름은 생소하게 들리지만 막상 찾아보면 길을 지나가다 보던 흔한 식물임을 알 수 있다. 이처럼 독도는 우리의 야생초와 들풀이 인정받고 존중받는, 작은 것의 소중함을 깨닫는 장소이다.

Tip

독도, 리듬을 타다

"독도는 우리 땅" 작사·작곡 박문영, 편곡 김창환, 노래 정광태

대한민국 사람이라면 태어나서 한 번 이상은 들었을 노래, '독도는 우리 땅'. 이 노래는 일본과의 영토 갈등이 시작된 이후 지어졌으며, 가사만으로도 독도의 위치, 주소, 기후, 지형, 역사, 생태계를 한눈에 알 수 있다. 또한 우리 국민들에게 독도에 대한 올바른 이해와 함께 독도가 우리의 영토임을 알리고 국토에 대한 애착심을 가지게 한다.

"신 독도는 우리 땅" 작사 · 작곡 박문영, 노래 서희

한국과 일본, 양국의 독도를 둘러싼 갈등이 첨예화 되고 있는 요즘, 노래 '독도는 우리 땅'이 새롭게 탄생했다. 이름하여 '신 독도는 우리 땅'. 이 노래에는 우리의 국토인 독도를 수호하고 있는 국군과 독도의 지하자원에 대한 가사가 더 첨가되었으며, 특징적인 것은 후렴구에 독도는 한국 영토라는 것을 일본어로 이야기하고 있다는 점이다. 독도가 우리의 영토라는 것을 한국인은 너무 잘 알지만, 일본인은 모르기 때문에 영토 분쟁이 오랫동안 지속된다고 보았던 모양이다.

"홀로 아리랑" 노래 한돌

흔히 아리랑은 한민족의 한과 얼이 담인 노래라고들 한다. 힘 있고 박력 있었던 앞의 두 노래와는 달리 '홀로 아리랑'은 독도에 대한 우리 민족의 애잔함이 녹아 있다. 마치 시를 읽는 듯한 이 노래에 그려진 독도의 모습은 가냘픈 여인과 같다. 가냘픈 여인이 거센 파도와 바람에 맞서 가며 꿋꿋이 자리를 지키고 있다. 그렇게 독도는 홀로 덩그러니 바다 한가운데 있다. 금강산의 물도, 설악산의 물도 모두 독도가 있는 동해로 간다. 그런 데도 우리는 지금 독도가 우리 땅이라는 염원을 한 곳에 모으지 못하고 있다. 노래는 하나되지 못한 우리를 꾸짖는 것 같다.

외로운 섬 독도와
외로운 섬을 지켜 주는 괭이갈매기

독도 등대와 오징어잡이 배

탄생의 비밀을 간직한 독도

독도 아래, 한라산이 숨어 있다

독도는 해저 약 2,000m에서 솟아오른 용암이 굳어져 형성된 화산섬으로, 신생대 제3기 플라이오세 전기부터 생성되기 시작했다. 신생대 제3기 층은 우리가 흔히 들어온 배사 구조를 가진 층으로 석유와 천연가스가 풍부하게 매장되어 있어 자원으로서의 중요한 의미를 가진다. 우리나라에서 신생대 제3기 층의 분포는 매우 드물다. 우리나라에서 석유가 한 방울도 나지 않는 것은 신생대 제3기 층의 발달이 미약하기 때문이다.

우리 눈에 보이는 자그마한 섬, 독도 아래에는 한라산 정도의 거대한 화산체가 숨어 있다. 독도가 먼저 생겨난 후 해수면 아래에 거대한 화산체가 생긴 것일까? 아니면 화산체가 먼저 생겨나고 화산체의 정상 일부인 독도가 우리 눈에 보이는 것일까? 정답은 후자이다.

독도가 형성되는 과정을 살펴보면, 해수면 깊숙한 곳에서 용암이 조용히 분출하면서부터 시작되었다. 조용히 분출된 용암은 독도 해산을 형성

지질시대와 독도

대(代, Era)	기(紀, Period)	세(世, Epoch)	시작연대 (단위: BP, 백만년)	독도
신생대	제4기	현세	0.01	현재의 독도
		플라이스토세	2.5	
	신제3기	플라이오세	5.3	독도 해산 형성
		마이오세	23	
	고제3기	올리고세	33	
		에오세	55	
		팔레오세	65	
중생대	백악기		145	
	쥐라기		199	
	트라이아스기		251	
고생대	페름기		299	
	석탄기		359	
	데본기		416	
	실루리아기		443	
	오르도비스기		488	
	캄브리아기		542	
선캄브리아대			4600	

하는데, 여기에서 해산이란 바다의 밑바닥에서 고도 1,000m 이상 높게 솟은 봉우리를 말한다. 조용히 용암을 분출하던 독도 해산은 해수면 가까이에서 격렬하게 폭발하며 분출한다. 이때 대기 중으로 크고 작은 무수한 물질들(화산 쇄설물)이 흩어진다. 폭발적인 분출을 마친 뒤 독도 해산은 다시 조용한 분화를 지속하다가, 닫혀 있던 화산의 분화구에서 또 한 번의 폭발성 분화가 일어난다. 학자들은 이때의 분화를 불카노식 분화로 추정한다. 불카노식 분화는 분화와 분화 사이의 휴식 기간이 긴 유형으로 폭발이 강력하며 폭발과 함께 화산 쇄설물이 방출된다. 폭발성 분화 이후 독도 해산의 화구에서는 화구 주변에 발달한 절리(틈)나 단층면을

독도의 형성 과정

해수면 아래에서 화산이 조용히 분출하면서 독도 해산을 형성한다.

해수면 위로 폭발적 분출이 크고 작은 무수한 물질들이 대기 중으로 흩어진다.

폭발적 분출 뒤 조용한 분화가 지속
로 나타난다.

닫혀 있던 화산의 분화구에서 수증기로 인한 폭발이 일어난다.

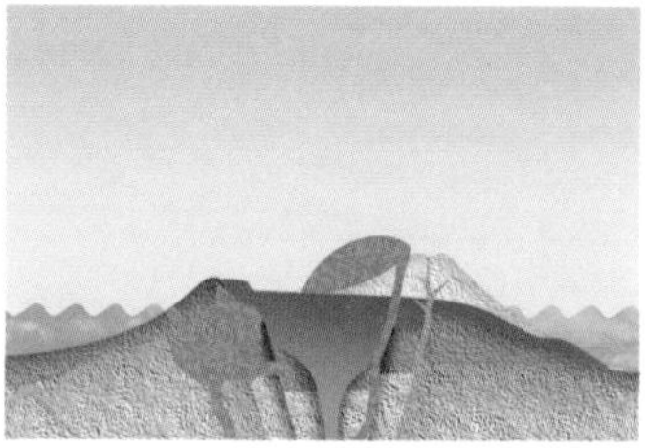

화구 주변에 발달한 단층이나 절리를 따라 조면암의 관입이 나타난다.

화산 활동이 멈추고 바닷물, 하천, 빗
의한 침식이 진행된다.

침식 작용에 의해 독도 상부 대부분이 침식된다.

해수면이 상승하면서 독도는 일부만 해수면 위에 남게 된다.

따라 조면암질 용암이 스며 나온다. 조면암은 특성상 규산(SiO)의 함량이 52~66%로 중성암에 속하며 진한 회색을 띤다. 조면암의 관입 이후 독도는 화산 활동을 멈춘다. 활동이 멈춘 후부터 독도는 침식 단계에 접어든다. 해수면 위에 나와 있는 화산의 정상부는 파랑에 의해 침식되면서 사면이 붕괴되는 현상이 나타나고, 화산의 내부는 하천 또는 빗물이 스며들어 침식이 계속 진행된다. 침식 작용으로 해수면 위에 드러난 독도의 대부분이 깎여 나가고 신생대 제4기 후빙기 해수면 상승으로 독도는 현재의 모습으로 남게 된다.

즉 독도는 우리나라의 화산섬 중에 가장 오래된 섬으로서 270만 년 전 용암이 해수면 위로 올라와 식으면서 형성되었으며, 하나의 섬으로부터 출발했다. 하나의 섬 독도는 약 250만 년 전 파도와 하천, 빗물에 의한 침식 작용에 의해 두 개로 나누어졌다. 오랫동안 침식 작용을 받으며 약 210만 년 전 무렵에 지금의 모습을 갖추게 되었다.

독도의 생김새

독도는 동도와 서도로 이루어진 바위섬과 89개의 바위와 암초로 구성되어 있다. 동도와 서도를 지도에서 내려다보면 마치 두 마리의 물고기가 마주 보고 있는 것 같다. 동도는 서도를 향해 있고, 서도는 동도를 향해 있는 모습이 사랑하는 연인처럼 느껴지기도 한다. 두 섬의 단면은 종 모양처럼 생겼으며, 해안 절벽에는 마치 성냥개비를 세워 놓은 듯한 현무암의 주상 절리를 볼 수 있다.

동도에는 우리 영토임을 알리는 '대한민국 동쪽 땅끝'이라고 새긴 표지

독도의 땅끝을 알리는 표지석

석이 땅에 뿌리박혀 있다. 동도의 최고봉은 일출봉으로 높이가 98.6m로 100m가 채 안 된다. 동도의 중앙에는 깊이가 100m 정도 되는 수직 동굴이 있다. '침식 와지'라 불리는 이 수직 동굴은 깎아지르듯 가파른 경사로, 아래를 내려다보면 아찔하다. 바닥에는 동굴이 뚫려 있어 바닷물이 드나드는데, 이 통로를 천장굴이라 부른다. 천장굴은 해식 절벽과 해식 동굴로 이루어진다. 이곳의 해식 절벽은 끊임없이 부딪치는 파도와 하루에 두 번씩 높이를 달리하는 조류의 침식 작용에 의해 형성되었다. 해식 동굴은 해식과 풍화 작용에 의해 생긴 절벽에 뚫려 있는 동굴로 오랜 세월에 걸쳐 형성된다.

서도는 동도보다 약 70m가량이 높다. 서도의 가장 높은 봉우리인 대한봉은 168.5m로 정상부가 고깔모자처럼 뾰족하다. 암석으로 이루어진

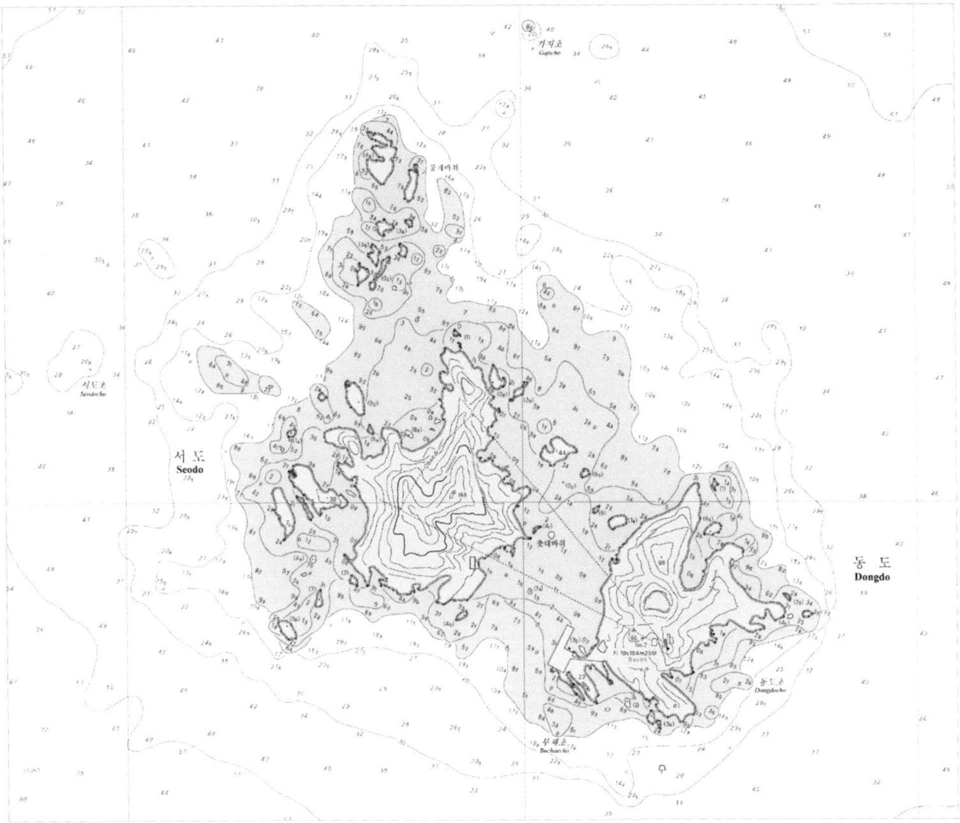

독도의 해도

섬이라 토양 발달이 미약하고 경사가 가팔라서 서도 정상부의 출입은 통제된다. 서도에는 독도의 유일한 거주민인 김성도, 김신열 부부가 살고 있다. 이들은 주민 숙소에서 살고 있는데 이곳은 2년 동안 확장 공사를 하여 올해 마무리되었다. 주민 숙소 뒤에는 하늘로 향해 난 998개의 수직 계단이 멋들어지게 들어서 있다. 이 계단은 김성도 씨가 물을 기르러 가기 위해 독도에 거주를 시작한 1970년에 놓은 것으로 삶의 흔적이다. 담수가 나오는 물골은 주민 숙소의 반대편에 있다. 물골은 물이 나오는 골짜기라는 뜻으로 '천장샘'이라고도 하는데 바위틈에서 물이 조금씩 떨

독도의 지형도

어진다. 이 물은 과거 서도의 유일한 식수였으며, 그 양이 많지 않아 하루를 모으면 약 한 드럼통 정도의 분량이 된다.

아기자기한 지형들

독도는 화산 활동에 의해 형성된 섬으로 기본적으로 화산 지형이 나타나면서 바다 주변에서 볼 수 있는 해안 지형의 모습도 고루 가지고 있다.

이처럼 독도는 여러 가지 지형이 오밀조밀 자리 잡고 자신만의 아름다움을 뽐내고 있다.

화산 지형 – 탕건봉과 숫돌바위

서도의 탕건봉에는 주상 절리가 잘 발달해 있다. 주상 절리는 암석이 성냥개비를 세워 놓은 듯 쭉쭉 뻗어 늘어서 있는 모양이다. 그래서 울릉도에서는 국수가 길게 늘어져 있는 모양이라고 하여 '국수바위'라고 부른다. 주상 절리는 대부분 현무암질 용암에서 잘 발달하는데, 현무암질 용암은 온도가 높고 유동성이 커 조용히 분출한다. 주상 절리는 뜨거운 용암의 상층 표면이 동시에 식을 때 수축의 중심점들이 생기면서 형성된다. 이러한 점들이 고르게 분포하는 경우 용암은 5각형 또는 6각형의 무수한 돌기둥으로 갈라지게 된다. 암석이 갈라져서 생긴 틈을 절리, 현무암의 이와 같은 수직적인 절리를 주상 절리라고 한다.

탕건봉의 주상 절리와 숫돌바위

숫돌바위는 마그마의 관입에 의해 형성된 암맥이다. 암맥(岩脈)을 쉽게 설명하자면 암석의 줄기로 생각하면 된다. 식물의 줄기가 가늘고 길게 생겼듯, 암맥도 다른 암석들에 비하면 가늘고 긴 모습을 지녔다. 이는 마그마가 기존에 존재하던 암석의 틈을 따라 올라와 굳어 형성되었기 때문이다. 암맥은 마그마에 의해 형성되었다는 점에서 과거 화산 활동의 명확한 증거가 되는데, 독도에 남아 있는 이 암맥을 통해 화산 활동을 증명할 수 있다.

해안 지형1 – 촛대바위와 삼형제굴바위

서도의 탕건봉 앞에는 촛대바위와 삼형제굴바위가 나란히 있다. 촛대바위는 우리가 잘 알고 있는 시스택(sea stack)에 속한다. 시스택은 암석 해안이 파도의 침식 작용에 의해 깎여 나가면서 형성된다. 이때 암석 중 약한 부분은 깎여 나가고 단단한 부분만 남게 되는데, 바다 가운데 홀로 덩

촛대바위와 삼형제굴바위

그러니 남아 있는 이 암석 덩어리를 시스택이라고 한다. 서도의 시스택은 마치 촛대와 닮았다고 하여 촛대바위라 부른다. 촛대바위라는 지명을 쓰는 바위는 많다. 강원도 추암의 촛대바위는 TV에서 방송되는 애국가의 일출 장면이 나오는 곳으로 관광지로 유명하며, 울릉도의 저동항에도 이곳을 상징하는 촛대바위가 있다. 독도의 촛대바위 모습은 촛대보다는 검지를 하늘로 향해 쭉 펴고 있는 모습과 더 흡사하다. 이 모습이 권총과 닮았다고 하여 권총바위라고도 부른다.

촛대바위 옆에는 삼형제굴바위가 있다. 삼형제굴바위는 동도에서는 굴 하나가 보이지만, 서도에서는 두 개의 굴이 보인다. 마치 두 동생이 형을 따르는 듯하다고 하여 삼형제굴이라는 이름이 붙게 되었다. 이 바위는 해식 동굴에 해당한다. 이 바위는 절리(틈)가 잘 발달해 바닷물의 침입이 쉽다. 파도가 치면 바닷물이 바위틈으로 파고들어 암석의 약한 부분을 깎아 내면서 동굴을 만드는 것이다.

한반도 지형

해안 지형2 – 독립문바위와 한반도 지형

독립문바위는 동도에서도 가장 동쪽에 위치해 있으며 독립문처럼 생겼다고 해서 독립문바위라 한다. 그리고 코끼리가 물을 마시는 모습과 닮았다고 하여 코끼리 바위라고도 불린다. 독립문과 코끼리라는 지명에서 나타나는 공통점은 이 바위의 모습이 아치형이라는 점이다. 지형적으로 말하면 독도의 대표적인 해식 아치(sea arch)라 할 수 있다. 해식(海蝕)은 파도, 조류, 연안류 등이 해안선 가까이에서 작용하는 침식 작용으로 특히 폭풍 시 큰 파도에 의해서 활발하게 진행된다. 해식애(해식에 의해 형성된 절벽)의 아래 부분에는 해식이 활발하여 해식 동굴이 형성된다. 특히 해식 동굴에 절리(틈)가 많이 발달하며 이 부분은 침식 작용이 더욱 활발해져 해식애를 관통하게 된다. 이처럼 해식 동굴을 관통하여 양쪽에 입구가 있으며 그 모양이 마치 구름다리와 같은 자연교를 해식 아치라고 한다.

독립문바위

독립문바위에서 조금 북서쪽에 있는 구선착장의 위에는 한반도 모양의 바위가 존재한다. 마치 독도가 우리의 영토임을 스스로 증명하는 듯하다. 한반도 지형은 강원도 영월의 선암마을에서도 볼 수 있다. 선암마을의 지형은 하천의 침식과 퇴적 작용에 의해 형성되어 굽이치는 하천의 힘을 느낄 수 있다.

해안 지형3 – 타포니

암석으로 이루어진 독도의 해안에는 벌레가 파먹은 듯 구멍이 뻥뻥 뚫려 있는 것을 볼 수 있다. 이것을 타포니(tafoni)라고 한다. 독도의 타포니는 해안 절벽뿐만 아니라 탕건봉 및 동도의 악어바위에서 흔히 발견된다. 타포니는 바위의 측면에 파인 구멍으로 마치 벌집처럼 집단적으로 생긴다. 독도의 타포니는 주로 염풍화 작용에 의해 형성되었다. 염풍화란 소금류에 의해 암석이 제자리에서 부서지는 것으로, 암석을 구성하고 있는 광물들 사이의 경계나 틈에 염류가 결정체를 이루면서 쌓이고 이 염류가 수분을 흡수하면서 팽창할 때 일어난다. 염류가 수분을 잃어버릴 때는 다시 수축한다. 이러한 과정을 수없이 반복되면서 암석이 조금씩 부서지게 되며, 시간이 지나면 무수한 구멍이 파이게 된다.

독도의 타포니 해안

상상 그 이상의 자원

메탄 하이드레이트를 찾아서

콜라 1리터와 휘발유 1리터 중 어느 것이 더 비쌀까? 해를 거듭할수록 휘발유의 가격이 높아지고 있다. 1리터당 1,000원 하던 때는 옛날이고 이제는 2,000원을 돌파했다. 휘발유 1리터의 가격은 콜라 1리터와 비교했을 때 두 배 이상이다. 상승하는 원유 가격이 매우 부담스럽지만 일상생활에서 자주 사용하는 기계(예를 들어 자동차)가 석유 중심으로 만들어졌기 때문에 사용하지 않을 수도 없는 노릇이다.

현재 세계에서 가장 많이 소비되는 에너지원은 석유·석탄과 같은 화석 연료이다. 우리나라의 1인당 에너지 소비량은 해를 거듭할수록 늘어나고 있고, 그중 1인당 석유 소비량은 브리티시페트롤리엄 세계 에너지 통계(BP Statistical Review of World Energy) 2011년판에 따르면 주요국 중 세계 8위이다. 그런데 석유·석탄과 같은 자원은 한번 쓰고 나면 다시 사용할 수 없기에 마구 쓰다가는 고갈을 면치 못한다. 이러한 자원의 고갈과 관련하여 자원별로 가채 매장량을 계산해 볼 수 있다. 가채 매장량이란 현재 채굴 가능한 자원의 양으로, 현재의 사용량을 토대로 계산해 보면 몇 년 뒤 어떤 자원이 고갈되는지 알 수 있다. 석유의 가채 연수는 30~40년으로 대체 에너지 개발이 시급한 상황이다.

대체 에너지란 태양열, 풍력, 조력과 같이 화석 연료를 대체할 수 있는 에너지로 그중 메탄 하이드레이트는 21세기에 주목받고 있는 신에너지 자원이다. 메탄 하이드레이트라는 물질은 높은 수압과 저온 상태인 해저에서 메탄 분자가 물 분자 내에 끌려 들어가 생성된다. '불타는 얼음'이라는 별칭을 가진 이 자원은 $1m^3$를 분해했을 경우 $172m^3$의 메탄가스를 얻을 수 있어 고효율을 자랑한다. 또한 연소 시 휘발유나 천연가스에 비해 이산화탄소를 절반 이하로 배출하며, 매장량도 풍부해 새로운 에너지로 각광받고 있다. 그러나 이 물질은 매우 불안정하기 때문에 채취할 때 저온의 압력 상태를 그대로 유지해야 한다. 만약 이 물질이 용해되었을 경우, 대기 중에는 메탄이 방출되는데 이것은 이산화탄소 이상으로 지구온난화에 악영향을 미친다.

메탄 하이드레이트는 1810년 영국의 화학자 험프리 데이비에 의해 처음으로 발견되었다. 그는 실험실에서 가스가 물과 결합하여 얼음과 같은 고체의 물질이 만들어진다는 것을 확인하였다. 하지만 실험실 밖에서 존재한다는 사실은 알지 못하였다. 그러던 중 1930년대 파이프를 이용해 가스

불타는 얼음_메탄 하이드레이트가 불타는 얼음이라고 불리는 이유는 가열될 경우 불길이 일 만큼 메탄 가스가 방출되기 때문이다.

전 세계 메탄 하이드레이트 부존 지역

를 운송하는 러시아에서 종종 가스관이 막혀 파열되는 사고가 일어나면서부터 천연가스가 고체로 존재한다는 사실을 알게 되었다. 조사해 보니 사고의 원인 물질은 바로 가스관 내에 존재하는 메탄과 물이 얼어붙어 만들어진 가스 하이드레이트였다. 이후 메탄 하이드레이트에 대한 관심이 높아져 존재 지역과 매장량에 대한 조사가 시작되었다.

메탄 하이드레이트는 저온과 고압의 조건에서 생성되는 물질로 존재 가능 지역은 수심 300m의 깊은 해저와 1년 내내 얼어 있는 극지방의 영구 동토 지역으로 한정된다. 지하 깊은 곳으로 내려가면 다 있을 것 같지만, 지하로 내려갈수록 땅의 온도는 상승하기 때문에 이 물질이 만들어질 수 없다. 그러므로 메탄 하이드레이트의 분포 지역도 매우 제한되는 것이다. 현재 이 물질의 채취에 성공한 국가는 미국, 일본, 인도, 중국, 한국 등, 총 5개국이다. 우리나라는 2007년 6월 실물을 채취하는 데 성공했다.

이처럼 지금 세계 해저에서는 소리 없는 '자원 전쟁'이 벌어지고 있다. 동해 해저도 예외는 아니다. 해저에 무궁무진하게 묻혀 있는 미래의 청정에너지 메탄 하이드레이트를 선점하기 위해 세계 각국이 관련 기술 개발을 서두르고 있다. 미국, 중국, 인도 등은 이미 특별법까지 제정해 탐사와 시추 기술 개발에 박차를 가하고 있다. 메탄 하이드레이트의 선두주자인 일본 또한 특별법을 제정하였으며 2012년부터 채굴 시험에 들어가 2016년 일상생활에서 사용할 수 있게 하는 것을 목표로 하고 있다.

미국 지질연구소(USGS)가 발표한 내용에 따르면, 메탄 하이드레이트는 캐나다와 미국 알래스카, 러시아 시베리아의 동토 지대, 그리고 대륙붕에서는 지진대를 따라 분포하는 것으로 확인되었다. 러시아 과학원 무기화학연구소도 캐나다 북쪽의 비포트 해, 러시아와 알래스카 사이의 베링 해, 오호츠크 해와 일본 열도 근해에서 메탄 하이드레이트 층을 발견했다. 이는 환태평양 지진대와 화산대를 따라 메탄 하이드레이트 분포층이 이어지고 있음을 말해 준다. 한반도 주변 해저 지형을 보면 제주 분지, 울릉 분지, 일본 분지가 연결되어 있으며, 이들 지형은 쿠릴 열도와 베링 해를 지나 캐나다, 미국, 남미 칠레까지 이어지는 메탄 하이드레이트 분포 벨트를 형성한다. 그리고 독도 부근의 울릉 분지가 쿠릴 열도와 동중국해를 이어 주는 연결 고리 역할을 한다. 이 벨트는 울릉 분지와 제주 분지를 지나 대만 해역으로 연결된다. 대만 북쪽 해역에서는 중국이 메탄 하이드레이트 탐사에 급피치를 올리고 있다. 특히 독도 주변 해저에서 메탄 하이드레이트가 대량 발견되고 있다. 메탄 하이드레이트는 전 세계적으로 LNG 환산 약 10조 톤이 매장돼 있는 것으로 추정되며 이는 5,000년간 사용이 가능한 양이다.

독도, 어장 관리합시다

독도 주변 바다는 북쪽에서 내려오는 북한 한류와 남쪽에서 올라오는 쓰시마 난류가 교차하는 지역으로 조경 수역을 이룬다. 조경 수역은 바닷물 속에 들어 있는 산소의 양이 많아서 플랑크톤이 풍부하다. 이 때문에 조경 수역은 다양한 물고기들이 많이 모여 황금 어장이라 불린다. 특히 회유성 어족이 많이 모이는데, 회유성 어족은 큰 무리를 지어 주기적으로 바다를 이동하는 물고기 떼로 명태, 고등어, 오징어를 들 수 있다. 풍성한 어족 자원으로 인하여 독도 주변 바다에서 조업한 어획량이 우리나라 수산물 시장의 수급 가격을 좌우하기도 한다고 하니 독도의 어장 관리에 힘써야 되지 않을까?

또한 이곳에는 소라, 전복, 미역, 다시다와 같은 해조류가 많아 주민들의 소득원이 되고 있다. 해조류 중 대황은 독도 해상에서 군락을 이루고 있다. 2010년 부경대 해양 바이오 프로세스 연구단의 연구 결과, 울릉도와 독도 해상에서 집단으로 서식하는 대황이 암의 전파를 촉진하는 물질의 활성을 80% 이상 억제할 수 있는 천연 물질을 함유하고 있는 것으로 나타났으며 그 물질의 추출에 성공하였다고 한다. 이 천연 물질을 이용해 효과적인 암 치료제가 개발된다면 독도의 가치는 더욱 커질 것이다.

독도 바다에 서식하는 대황

코발트 빛 바다, 수족관에서 많이 본 듯한 화려한 색깔의 물

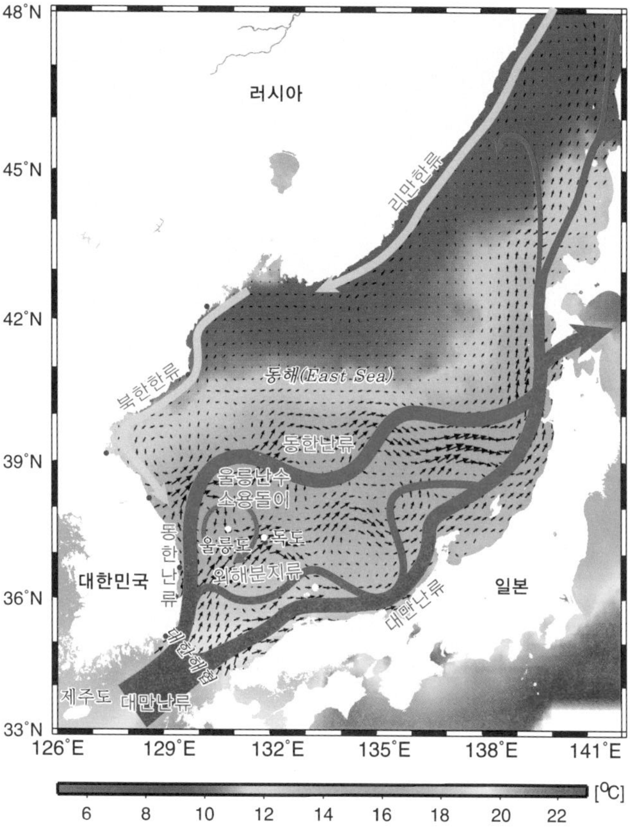

동해 표층 해류 모식도

고기. 이러한 장면은 열대 바다나 아열대 바다에서 볼 수 있다. 즉, 우리나라와 같은 온대 기후 지역에서는 보기 힘들다. 그런데 독도의 바다에서는 이러한 아열대성 물고기를 만날 수 있다. 우리나라는 가을로 접어들면서 육지의 기온뿐만 아니라 인근 바다의 수온도 떨어진다. 그런데 유독 독도 부근의 수온은 따뜻한 상태를 유지한다. 즉 독도의 수온은 같은 위도의 동해보다 제주도와 비슷한 것이다.

무엇이 이러한 차이를 만들었을까? 원인은 쿠로시오 해류(난류)이다.

쿠로시오 해류는 필리핀 동쪽 해상에서 북쪽으로 올라오며 북태평양을 순환하는 해류로 수온이 여름에는 약 30℃, 겨울에는 약 20℃ 이하로 따뜻한 성질을 지니고 있다. 쿠로시오 해류는 한반도 남쪽을 지나면서 쓰시마 해류, 제주 해류로 갈라진다. 쓰시마 해류가 독도 인근 바다로 흘러가게 되면서 수온이 따뜻해진 것이다. 따라서 쿠로시오 해류를 따라온 아열대성 물고기를 만날 수 있었던 것이다.

끈질긴 생명력

독도는 해조류 번식지로서 보호 가치가 있다는 연구 결과에 따라 1982년 11월 16일 제336호 천연기념물로 지정되었다. 그 후 1999년 6월 독도 관리 지침을 제정하면서 해경에서 문화재청으로 관리 감독권이 이전되었고 그해 12월 독도 천연 보호 구역으로 명칭이 바뀌었다.

독도는 미생물에서 괭이갈매기까지 다양한 생명체들로 인해 활발하게 움직이고 있다. 독도넬라코렌시스, 동해아나독도넨시스, 피시코커스 독도넨시스 등은 모두 독도에서 발견된 신종 박테리아의 이름이다. 한국 생명 공학 연구원에 따르면 2008년까지 총 38종의 신종 박테리아가 독도에서 발견되었다. 그중 독도 연안에서 발견된 '동해아나독도넨시스'라는 박테리아는 유해 곰팡이의 성장을 억제해 신약 후보 물질로 떠오른 신규 미생물이다. 또한 경북대 독도 미생물 자원 연구팀은 콘크리트 구조물의 강도를 증가시키고 식물 생장을 촉진하는 등의 각종 유용한 세균들을 독도에서 발견하여 관심을 모았다.

현재 독도에 서식하고 있는 식물은 모두 69종으로 돌피 군락, 돌피-왕해국 군락, 돌피-섬제비쑥 군락, 섬제비쑥-왕해국 군락 등이 있다. 또 작으나마 술패랭이꽃 군락, 번행초 군락, 왕호장 군락, 땅채송화-왕해국 군락 등도 있다. 나무 종류로는 사철나무와 섬괴불나무가 독도 환경에 적응해 작은 군락을 형성하고 있으나 나머지는 단목 형태로만 존재하고 있다.

이곳에서 발견되는 조류는 괭이갈매기, 슴새(슴새과, 천연기념물 제332, 333, 336호), 바다제비, 흑비둘기(천연기념물 제215호)와 매(천연기념물 제323호)를 비롯한 환경부 지정 보호종인 솔개, 물수리, 쇠가마우지 등 129종이다. 또 호리꽃등에, 꼬마꽃등에, 긴꼬리꽃벼룩, 넉점물결애기자나방 등 58종의 곤충이 살고 있다.

지질학적 가치

일반적으로 해산이 물속에서 만들어질 때는 베개용암과 유리쇄설암이 쌓여서 만들어지다가 해수면 근처로 오면서 폭발적 분출을 일으킨다. 그리고 해수면 위로 성장해 섬이 된 후 다시 용암을 분출하는 것으로 알려져 있다. 그러나 이러한 성장 단계를 모두 보여 주는 경우는 드물다. 그 이유는 해산이 해수면 위로 노출되는 경우가 드물 뿐만 아니라, 노출되어 지질의 단면이 관찰되는 경우에도 해산의 성장 과정을 한눈에 보여 주지 않기 때문이다.

특히 해산이 해수면 바로 아래에서 해수면 위로 성장하는 전이 단계의 산물은 관찰하기가 매우 어렵다. 왜냐하면 이 전이 단계에서 만들어지는 화산 쇄설암은 파도에 의해 쉽게 침식되거나 추후의 용암에 의해 덮여

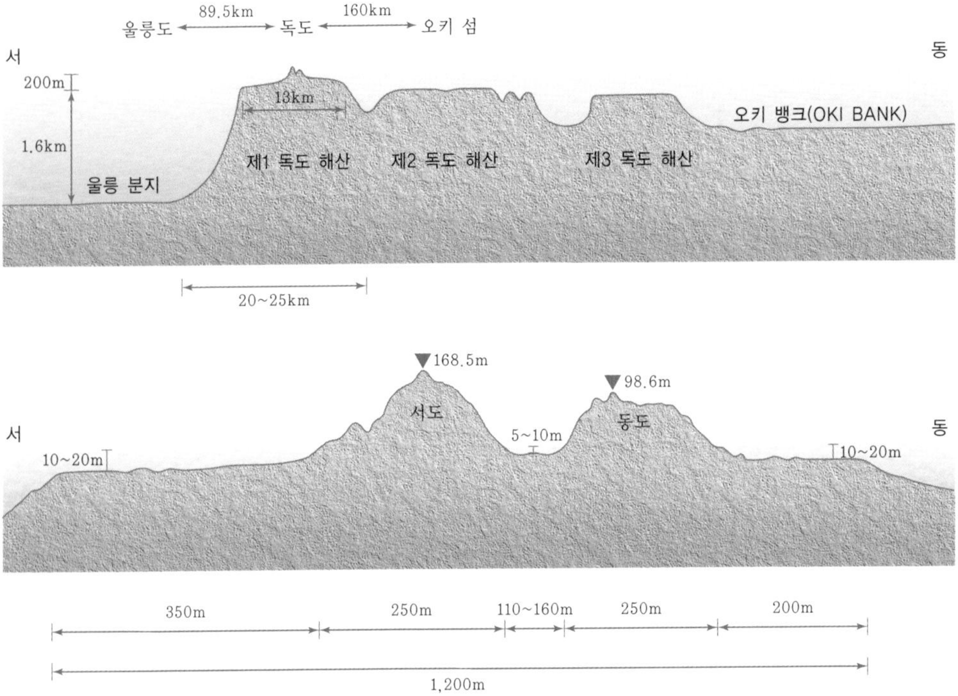

독도 주변 해산(위) 및 해저(아래) 단면도

버려서 보존되기도 어렵고 관찰하기도 힘들기 때문이다.

하지만 독도는 해산 진화의 전 과정을 한눈에 보여 주고 있으며, 특히 전이 단계의 분출 기록을 잘 보존하고 있어 지질학적으로 큰 가치가 있다. 2002년 국제지구과학회지에 게재된 논문에는 "심해에서 수면 근처까지 성장한 후 융기되고 깎여 나간 화산들은 해산의 내부 구조에 대한 정보를 제공해 준다. 그러나 이러한 화산의 단면들은 대체로 수면 바로 밑에서 수면 위로 성장하며 만들어진 전이 단계가 누락되어 있다. 그 이유는 이 단계가 전체 화산에 비교해 부피가 작을 뿐만 아니라 파도의 작용에 의해 쉽게 침식되어 버리기 때문이다. 우리가 아는 한, 한국의 독도는 해양 환경에 위치해 있으며 전이 단계가 보존되어 있는 유일한 화산섬이다."라고 언급되어 있다. 독도의 지질학적 가치와 희소성이 외국 학자들에게 인정을 받은 것이다. 한편 국제 지질학계와 화산학계에서는 독도가 명백한 한국의 섬으로 거명되었다.

지질학적으로 보면 독도는 동해의 해저로부터 지각 활동에 의해 불쑥 솟구친 용암이 오랜 세월 동안 굳어지면서 생긴 화산성 해산이다. 이러한 독도는 원래 동도, 서도가 한 덩어리인 화산섬이었다. 독도는 해저 밑바닥에서 형성된 베개 용암과 급격한 냉각으로 깨어진 부스러기인 파쇄각력암이 쌓여 올라오다가 해수면 근처에서 폭발적인 분출을 일으켜 물위로 솟다가 대기와 접촉할 때 생기는 암석인 조면암, 안산암, 관입암 등으로 구성된 '암석학의 보고(寶庫)'라고 한다.

또한 오랜 시간이 흐르면서 파랑에 의한 해식 작용으로 칼로 깍은 듯 날카롭고 가파른 해식애(sea cliff)들이 형성되었으며, 서도의 북쪽과 서쪽 해안에서 파식 대지(wave-cut platform)가 형성되었다.

군사적 가치

동해는 한국, 일본, 러시아 3개국이 접하고 있는 바다이기에 해상 통제권 확보가 지역 안보에 미치는 영향력은 매우 크다고 할 수 있다. 독도는 동해의 중심에 위치하고 있다는 지리적 이점을 가지고 있어 전략적 요충지이며, 조기 경보 기지, 작전 기지 등 다양한 분야에서 활용 가능하다. 독도는 동해 중심부에 지름 12해리의 영해를 확보하게 함으로써 한국의 군사적 활동 영역을 확장해 주고 한국 작전 수역 및 방공 식별 구역을 설정하는 근거를 제공해 준다. 이로 인해 훨씬 더 원거리에서 북한, 일본 및 러시아의 군사 활동을 감시하고 견제할 수 있는 역할을 할 수 있게 한다.

주로 동해안에 편중되어 있는 해안 감시 및 정찰 시설은 조기 경보 능력 면에서 매우 취약한 면을 가지고 있다. 이러한 점에서 조기 경보를 위한 전초 기지의 역할을 할 수 있는 독도의 중요성이 부각된다. 바다와 같이 지형적 이점의 이용이 극히 제한된 공간에서는 적의 동태를 감시하고 접근을 조기 경보할 수 있는 능력이 필수적이다. 한국군이 만약 독도에 대함 및 대공 감시 레이더 등의 첨단 레이더 장비와 소나(SONAR; Sound navigation and ranging, 음파 탐지기) 같은 잠수함 감시 체계 등의 입체적인 군사 감시 체계를 설치한다면, 러시아의 태평양 함대와 일본 및 북한 해·공의 이동 상황을 손쉽게 파악해 동북아 및 국가 안보에 필요한 군사 전략 정보를 수집할 수 있을 것이다.

독도 부근에서 일어나는
소용돌이 현상과 그 이동 경로

울릉도와 독도 사이에서는 북쪽에서 한류가 내려오면서 남쪽에서 밀려들어 오는 난류와 만나, 특이한 소용돌이 현상이 발생한다. 이 소용돌이는 잠수함에서 발생하는 음향을 산란시켜 잠수함의 위치 파악을 어렵게 만들기 때문에 독도 주변 해역은 잠수함이 활동하기에 적합한 천혜의 공간이다. 이러한 공간에 잠수함을 활동하게 함으로써 우리 잠수함의 전략적 가치를 제고시킬 수 있다.

독도는 긴급 대피 및 정박 기지, 긴급 해난 구조 기지, 항공기·군함·잠수함 운항의 유도 기지 등으로도 활용이 가능하다. 예를 들어 독도 주변 해역에서 작전 중인 군함이나 조업을 하는 어선 등이 기상 악화나 천재지변으로 인해 긴급히 대피해야 할 경우 독도를 대피 및 정박 기지로 활용할 수 있다.

만약 독도가 일본의 수중에 들어가면 울릉도는 일본의 직접적인 위협을 받게 될 것이며 일본은 독도를 중심으로 한 12해리의 영해를, 그리고 200해리의 배타적 경제 수역을 획득하게 될 것이다. 그러한 상황이 발생하면 독도 주변 우리의 영해와 배타적 경제 수역 중 상당 부분이 일본의 영역으로 변하게 될 것이다. 아울러 일본의 고성능 잠수함들은 독도 주변 해역이 제공하는 천혜의 잠수함 활동 구역에서 러시아에 대한 견제와 해상 교통로에 대한 위협이 가능하기 때문에 일본이 동해의 해상 통제권을 손쉽게 확보할 수 있을 것이다.

이러한 상황은 다시 일본에게 러시아와 북방 도서 교섭 문제에서 유리한 입장에 서게 할 수 있는 것이다. 일본은 이러한 독도의 군사적 가치를 인식하고 있기에 앞으로도 독도 영유권 주장을 포기하기보다는 오히려 강화할 것으로 예상된다.

독도 문제가 불거지다

섬으로서의 독도

섬의 정의와 관련하여 섬과 암석의 구분에 대해서는 여러 가지 논란과 견해가 대립해 왔다. 1958년 제네바 영해 협약이나 대륙붕 협약에서는, 소도나 암석을 구별하지 않고 섬을 인정했다. 그러나 제3차 해양법 회의 시 베네수엘라 등이 암석에 대해 애매모호한 견해를 보여 주는 등 논란이 증폭되기 시작하였다. 더구나 암석의 면적 기준에 관한 논의에서도 면적만으로 암석과 섬을 구별하는 기준으로 삼기에는 무리가 있다는 것이 일반적인 견해로 굳어지기 시작하였다.

현재의 일반적 기준으로 인정되는 유엔 해양법 협약(1982) 제121조 제3항에서는 "인간의 거주 또는 독자적 경제 생활을 지탱할 수 없는 암석은 배타적 경제 수역 또는 대륙붕을 가질 수 없다."라고 규정하면서, 인간의 거주나 독자적 경제 활동 기준을 암석과 섬을 구별하는 유일한 기준으로 삼고 있다. 하지만 문제는 이러한 기준이 가변적이라는 데 있다. 신기술의 발견이나 생활 여건의 변화에 따라 달라질 수 있다는 것이다. 암석의 정의가 주장 당시의 사회적 및 경제적 여건에 의해 가변적인 경우에는, 과거에 인간의 거주나 경제 활동이 불가능한 암석이었다 하더라도 인간의 전략적 투자에 의해 얼마든지 배타적 경제 수역이나 대륙붕을 가질 수 있는 섬이 될 수 있다는 결론도 가능해진다는 것이다. 더 나아가 암석의 정의가 가변적이라는 전제하에서 보면, 암석이 섬으로서 인정되기 위해서는, 다시 말해서 암석이 섬으로 인정되어 배타적 경제 수역이나 대륙붕을 가지기 위해서는, 사람이 거주할 수 있는 곳이어야 한다거나 독자적 경제 활동이 가능하다거나 하는 조건들 중 두 가지 모두를 만족시켜야 하는 것인지, 아니면 두 가지 조건 중 어느 하나만 충족시키면 되는지 논란이 될 수 있다는 것이다.

또한 이 조항에서 인정하는 인간의 거주 요건은 어떤 내용을 말하는 것인지도 불명확하다. 실제로 인간의 거주하고 있어야 하는 것일까? 아니면, 실제로 거주하고 있는 것은 아니지만 거주가 가능하면 되는 것일까? 논란이 될 수 있다. 객관적이고 보편적으로 인정되는 입장에서, 인간의 거주 요건이란 암석 위에 인간이 실제로 거주하고 있어야 한다는 것을 의미하기보다는 거주 가능성을 의미한다. 식수나 경작 가능한 토지, 숙소 등 공동체가 형성될 수 있는 안정적 기반을 가지고 있는지가 결정적인 내용이라고 보아야 할 것이다.

하지만 문제는 여기서 그치는 것이 아니다. '독자적 경제 활동'이라는 말의 의미 역시 논란이 된다. 암석이 섬으로 인정되기 위해서는 그 암석 자체 내에서 한정되어 자급자족적인 생활을 할 수 있음을 의미하는 것으로 보기는 어려울 것이다. 이러한 논란 역시 실제로 경제 활동을 하고 있는가의 여부보다는 그러한 독자적 경제 활동의 가능성을 의미하는 것으로 보아야 할 것이다. 따라서 암석에 인간이 거주하지 않는 경우라 할지라도 주변 수역에 상업적 가치가 있는 자원이 있어 이러한 자원들을 개발하여 경제 생활이 유지할 수 있는 정도라면 경제 활동 기준은 충족된다고 볼 수 있다는 것이다. 다만 이러한 경우에도 단순히 영해에 자원이 존재한다는 것만으로는 불충분하고, 일정 기간 이상의 경제적 가치를 가지고 있음을 보여 주어야 할 것이다.

이러한 논의들을 토대로 유엔 해양법 협약 제121조 제3항을 독도에 적용한다면, 독도는 실제로 사람이 거주하는 섬일 뿐만 아니라 독자적 경제 생활을 지탱할 수 있는 수산 자원 등의 가치를 통해서 보더라도 섬으로서 당연히 인정될 수 있을 것이다. 독도는 '인간이 일정 기간 거주할 수 있는 섬'으로서 응당 배타적 경제 수역–대륙붕을 가질 수 있으며 따라서 독도를 기점으로 하는 영해 및 해양 수역에 대한 제반 권리는 당연한 것임은 더 이상 언급할 필요조차 없다.

우리 정부는 한일 어업 협정과 관련한 내용에서 협상 전략상 부득이하게 일본 측에 독도의 배타적 경제 수역 기점 주장을 내세우지 않은 것이며 "앞으로 필요한 경우에는 얼마든지 121조 3항에 대하여 유연한 해석을 할 수 있다."라고 편의적인 설명을 하고 있지만 유엔 해양법 협약 제 121조 3항에 대한 우리 정부의 제한적 해석은 자가당착이 될 수 있다. 유엔 해양법 협약 제 121조 3항의 "인간이 거주할 수 없거나 독자적인 경제 활동을 유지할 수 없는 암석은 배타적 경제 수역이나 대륙붕을 가지지 아니한다."라는 조항을 인정한다면 매우 당황스런 해석이다. 독도가 유엔 해양법 협약에 따른 섬이라고 인정이 되어야만 배타적 경제 수역을 가질 수 있다. 바꾸어 말하면 독도가 배타적 경제 수역을 가진다는 것은 곧 독도를 섬으로 인정한다는 것이다. 배타적 경제 수역에 대한 분명하고 확고한 입장이야말로 우리의 독도를 지켜 내는 길임은 아무리 강조해도 지나치지 않다.

배타적 경제 수역과 독도

한국과 일본은 각자의 국내법에 따라 배타적 경제 수역을 선포하였다. 1996년 한국의 '배타적 경제 수역법'에서는 영해 기선 외측으로부터 200해리의 배타적 경제 수역을 선포하면서(제2조 1항), "대한민국과 인접하고 있는 국가와의 배타적 경제 수역의 경계는 제1항의 규정에도 불구하고, 국제법을 기초로 관계국 간의 합의에 따라 설정하도록 규정한다."(제2조 2항)라고 하였다. 일본의 1996년 '배타적 경제 수역 및 대륙붕에 관한 협약' 제 2조는 "기선으로부터 200해리 선이 마주 보고 있는 국가와의 중간선을 초과하는 경우에는 중간선까지로 하고, 덧붙여 그 국가와의 사이에 중간선을 대체하는 합의선이 있을 때에는 그 합의선까지로 한다."라고 하고 있다. 다시 말해 한일 양국은 해양 경계 획정을 위해 '합의'할 것을 서로 상정하고 있는 것이다. 차이는 있지만 한국의 '국제법을 기초로' 할 것과 일본의 '중간선을 대체하는 합의선'에 관한 논의의 결과로 도출해 낸 것이 소위 '한일 중간 수역'이다. 한일 어업 협정과 관련하여 한일 해양 경계 획정 협상에서 논의된 협상안들은 크게 아래 세 가지 정도로 정리할 수 있으며, 이러한 안들은 한일 간의 독도를 비롯한 해양 수역에 관한 논쟁이 종식되기는커녕 오히려 악화 일로에 있음을 보여 주는 것이다. 첫 번째 안은 독도 기점을 무시하고, 울릉도와 오키의 중간선을 채택하는 방법이고, 두 번째 안은 독도, 울릉도, 오키 모두 무시하고 양국의 육지 본토 간의 중간선을 채택하는 방법이며, 세 번째 안은 일본이 독도를 한국령으로 인정하는 대신 독도에 12해리의 위요지(국제법에서, 영토의 일부 또는 전부가 완전히 다른 나라의 영토 안에 있는 경우)를 설정하고, 독도를 기점으로 사용하지 않는다는 것을 남북한 모두에게 인정받으며, 이 사안이 다른 해양 관련 권리의 주장에 선례가 되지 않도록 하는 안이 있다. 세 번째 안은 마크 발렌시아가 2006년 5월 14일 노틸러스 연구소에서 발표한 「한·일 도서를 둘러싼 법적 교착 상태」라는 논문에서 주장한 안으로, '독도의 한국령 인정과 배타적 경제 수역 기점의 포기를 교환'하는 안이 일본이 선택할 수 있는 '중간선을 대체하는 합의선'이 될 수 있다는 것이었다.

그러나 이와 같은 논의들은 한국과 일본 양국이 모두 독도 영유권을 주장함으로써 나온 고육지책이라고 할 것이다. 이와 동시에 배타적 경제 수역 기점을 주장함으로써, 적어도 한일 양국이 독도를 배타적 경제 수역을 갖는 섬으로 인식하고 있다는 점은 매우 중요하다. 어떠한 제안이 되었든지 한일 양국 중 어느 한 국가가 향유할 수 있는 독도 및 독도 인근의 배타적 경제 수역이나 대륙붕을 포기해야 한다는 점이 문제이다. 물론 한일 양국 중 한 국가의 양보로 결론이 날 수도 있겠지만 현실성은 없는 제안이기 때문에 이러한 방안은 하등의 논의 가치가 없다고 할 것이다.

한편 한국이 유엔 해양법상 배타적 경제 수역을 설정할 때 독도 기점 부여 입장을 취하면, 이는 중국의 퉁타오, 일본의 도리시마, 단조 군도의 배타적 경제 수역 기점 주장에 오히려 힘을 실어 줄 수 있다는 지적도 간과해서는 안 된다. 결국 한일 간의 해양 경계는 새로운 획정 방법이 필요하다. 이는 한일 양국의 정부 대표가 앞으로 고안해 낼 '중간선을 대체하는 새로운 합의선'이 될 수 있을 것이다. 어떤 형태일지는 아직 알 수 없지만 '영-불 해협 중재' 사건에서처럼 울릉도-오키 중간선과 독도-오키 중간선, 울릉도-독도의 중간선을 혼합한 새로운 중간선을 획정하는 안도 생각해 볼 수 있을 것이다.

신 한일 어업 협정과 독도

신 한일 어업 협정의 체결

1994년 11월부터 유엔 해양법 협약이 효력을 발생하면서 연안국의 관할권이 12해리에서 200해리 체제로 변경됨에 따라 1996년, 한국과 일본도 유엔 해양법 협약을 비준하고 각각 200해리 배타적 경제 수역을 선포했지만 한일 간의 거리가 400해리가 되지 않기 때문에 양국이 200해리 배타적 경제 수역을 설정할 경우 어쩔 수 없이 겹치게 되는 부분이 생기게 된다. 따라서 한일 간에 중간선과 같은 경계를 획정할 필요성이 대두되었고, 이에 따라 한일 양국 사이에 영구적인 경계 획정이 쉽지 않은 중간 지점의 수역을 설정하였는데, 이 수역이 바로 중간 수역이다.

한국과 일본은 1996년 유엔 해양법 협약을 비준함에 따라 1965년 6월에 체결했던 구 한일 어업 협정을 폐기하고 다시 신 한일 어업 협정을 체결하였는데 1999년 1월 22일부터 발효된 이 협정은 유엔 해양법 협약에 따라 책정한 배타적 경제 수역의 바깥쪽 수역을 중간 수역이라 정하고(이에 대해 일본은 '잠정 수역'으로 이름하고 있다) 양국 협력 하에 자원 관리를 하도록 정하였다.

신 한일 어업 협정에 따르면, 동해의 배타적 경제 수역은 양측 연안으

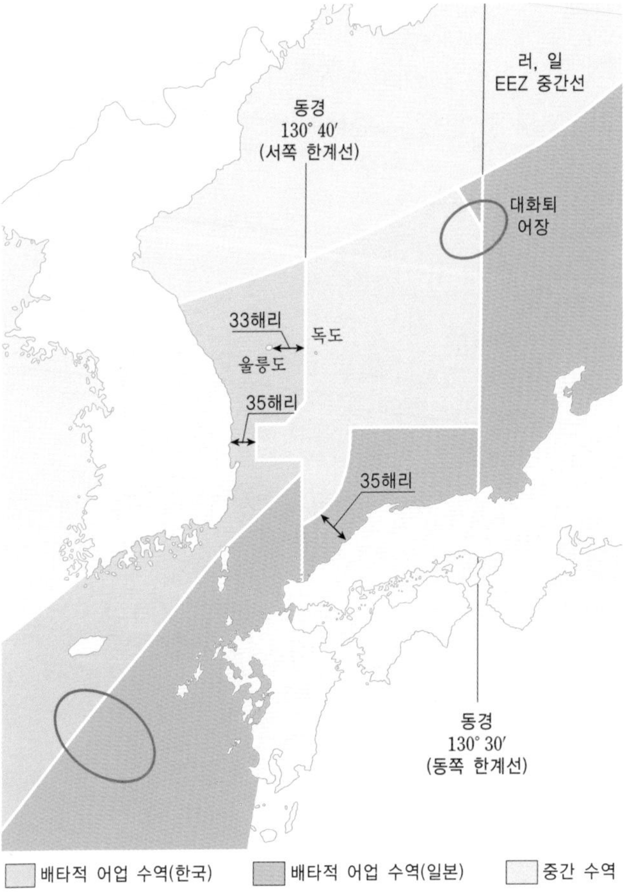

한일 어업 협정에 따른 수역도

로부터 35해리를 기준으로 하여, 직선으로 연결된 다각형 모양을 하고 있다. 동쪽 한계선은 동경 135.5°이며, 대화퇴(大和堆) 어장 전체 면적의 절반이 동해 중간 수역에 포함되었고, 제주도 남부와 일본 규슈 서부 사이의 수역에도 일정 범위의 중간 수역이 설정되었다.

이 중간 수역에서는 단속 및 재판 관할권은 기국주의(旗國主義, 공해상의 선박은 그 선박이 소속되어 그 국기를 게양하고 있는 국가의 국내법의 지배를 받으며, 그 국가만이 관할권을 가진다는 국제법상의 원칙) 원칙을 따르며, 양국은 상대국의 국민과 어선에 대해 자국의 법령을 적용하지 않는다. 또 어업 협정에서 규정한 어업 공동 위원회의 권고에 따라 공동으로 어업 자원을 보존·관리하게 되어 있다.

이 중간 수역과 비슷한 개념의 수역이 2001년 4월 5일 체결된 한중 어업 협정에도 도입되었는데, 잠정 조치 수역이 그것이다. 한국과 중국 양국이 공동으로 관리하도록 설정된 수역으로, 잠정적으로 배타적 경제 수역 제도의 적용이 유보된 수역이라 할 수 있다.

신 한일 어업 협정의 허점

신 한일 어업 협정에서 제기되었던 독도 영유권 문제는 독도의 영토 주권 위기와 관련된다. 한일 어업 협정에서 독도를 중간 수역에 포함시킴으로써 이 협정을 그대로 따를 경우 한국과 일본이 독도의 수산 자원을 공동으로 관리하게 되었다. 이로 인해 독도에 대한 우리 영역 주권이 약화될 수도 있다는 우려가 커지고 있다.

정부의 발표에 따르면 신 한일 어업 협정은 한일 양국의 배타적 경제 수역 중에서 어업 문제만을 다루고 있다고 한다. 해양 경계 획정은 원칙적으로 그 효력이 영구적이기 때문에 해양 경계 획정 협상과는 분리하여 우선 급한 대로 어업 분야에서의 문제를 해결하기 위함이었다는 것이다. 유엔 해양법 협약 제55조는 배타적 경제 수역을 특별한 법제도로 규정함으로써 이것이 영해와 공해의 성격을 함께 가진, 즉 그 어느 한쪽으로 편입시킬 수 없는 혼혈적 성격의 수역임을 명시하고 있다.

그러나 어업권이란 결국 주권적 영역권에서 비롯되었기 때문에 어업 문제와 영유권 문제는 본질적으로 연결되어 있다. 따라서 어업 문제와 영유권 문제는 분리될 수 없다는 반론에 부딪히게 된다. 더불어 독도를 포함한 합의된 수역에서 한국의 독도에 대한 배타적 영역 주권을 부정하고, 분쟁 당사국인 한국과 일본이 어업 자원의 공동 관리 등을 합의하는 것은 일종의 공동적 주권 개념을 인정하는 것으로 해석된다는 반박에 부딪히게 된다. 한일 간의 공동 어업권을 인정한다는 것은 한국의 독도에 대한 배타적 영역 주권을 부정함으로써 우리측 스스로 우리의 영토 주권을 포기하는 결과를 낳게 된다는 것이다.

유엔 해양법 협약은 배타적 경제 수역을 '영해 밖에 인접한 수역'이라고 규정하고 있다. 그리고 한일 양국의 국내법에도 배타적 경제 수역은 영해를 제외한다고 명시되어 있기 때문에 도서의 영유권이나 영해는 이 협정의 대상이 아니다. 또 한일 어업 협정 제15조에 "어업에 관한 사항 외의 국제법상 문제에 각 체약국의 입장을 해하는 것으로 간주되어서는 아니 된다."라고 명시하고 있기는 하지만 한일 어업 협정의 구조상 그 조문만을 독립적으로 해석할 수 없기 때문에 이것만으로는 도서의 영유권이나 영해에 관한 권리, 다시 말해서 독도의 영유권이나 독도 인근 해역의 영해에 관한 권리가 확보되지는 않는다.

독도와 독도에 인접한 영해는 협정 대상이 아니기 때문에 어업 협정에 표기하지 않았다는 것이 정부의 입장이다. 하지만 일본과 맺은 신 한일 어업 협정은 결과만을 가지고 보면, 독도가 분명한 우리 영토임에도 불구하고 우리의 영토가 맞는가를 의심케 하는 내용을 가지고 있다. 왜냐하면 배타적 권리를 가지는 범위인 독도와 독도 주변 영해에 대한 확고하면서도 분명한 영토 주장을 하지 못한 내용이 신 한일 어업 협정에 나타나기 때문이다. 독도가 분명한 우리의 영토임에도 불구하고 독도는 한일 간의 중간 수역이라는 이상한 위치에 놓여 있다. 도대체 어떻게 해서 우리의 영토를 다른 나라와 공동으로 사용하는 협정을 맺을 수 있단 말인가? 중간 수역에 대해서 한일 간의 인식 차이가 있다는 점도 더욱 문제가 된다. 이러한 결과들이 지속된다면, 현실적인 힘의 논리가 지배하는 국제 사회의 냉혹한 현실에서 독도에 대한 객관적 지배력이 약화되지 않는다고 어떻게 장담할 수 있을 것인가?

일본이 양심적으로 독도에 대한 영토 주장을 포기하고 사과한다면 문제가 될 것이 없겠다. 그러나 일본에게는 독도를 자신들의 영토로 주장할 때 얻을 수 있는 이득이 많다. 오키 섬이 아니라, 독도를 기점으로 하여 영해나 배타적 경제 수역을 획정한다면, 상상할 수 없을 정도의 엄청난 해양을 자신들의 영토 혹은 준 영토로 만들 수 있다. 이렇게 될 경우, 직접적으로는 수산 자원 등을 비롯한 해양 자원으로 인한 이득을 얻을 수 있을 뿐만 아니라, 군사적인 측면에서 상당히 유리한 고지를 점할 수 있을 것으로 보인다. 또한 독도 인근 해저에 매장된 '메탄 하이드레이트'라는 가공할 만한 지하자원을 획득하기 위해서라도 일본이 독도에 대한 주장을 지속하리라고 상상해 볼 수 있다. 이미 이러한 일본의 의도가 사회 교과서 등을 통해 지속적·전략적으로 전개되고 있다는 보도가 나온 지도 오래되었다.

그러나 신 한일 어업 협정의 어떤 조항에도 일본이 독도를 자국의 영토인 다케시마로 주장할 수 없도록 구속하는 내용은 없다. 오히려 한일 양국 독도에 대해 각자 영유권을 주장하고 있다는 것을 확인하는 것에 그치고 있다. 독도에 대한 분명한 영유권 확인 없이 중간 수역 안에 독도와 독도 영해를 포함시킨 것은 영토 보존의 의지를 포기하는 것과 같은 것이라고 할 수도 있다. 이런 점에서 독도와 독도 영해의 영토적 확인을 분명히 하고, 이러한 확인은 구체적인 협정의 내용으로 명문화했어야 했다. 더욱이 독도 주변의 영해와 독도 주변의 우리 수역에 대한 권리를 분명히 함으로써 중간 수역에 대한 주장이 독도를 기점으로 하여 진행되는 원칙적인 입장에서 진행되었어야 할 것이다.

주권과 역사 회복의 상징, 독도

대한민국 정부는 해방 이후 대한 제국의 양자적·다자적 조약 관계를 일단 부활시킨 다음 그동안의 사정의 변경에 따라 당사국과 협의·협상을 통하여 조약들의 효력을 조정하는 절차를 밟지 않았다. 특히 구한말 한일 양국 간의 조약의 경우 1910년 8월 22일까지 114개가 체결되었는데, 이들 조약은 1910년 이전에 한일 간에 체결된 일련의 조약과 그 이후 상당한 시간의 경과와 사정 변경으로 인하여 종료되었다는 견해가 일반적으로 받아들여졌다. 그러나 유럽 중심의 '국제법'(국가 사이의 법)의 벽을 넘는 '민제법'(한일 시민 사이의 법) 중심의 새로운 법과 정의가 요청된다. 왜냐하면 대립적이고 획일적인 평행선상의 국제법적 관계로는 미래 지향적인 한일 관계를 지향할 수는 없을 것이기 때문이다. 바람직한 한일 간의 교류를 위해서는 '국제법'이 아닌 '민제법' 중심으로 풀어가야 할 것이다. 더불어 남북한의 화해와 협력 그리고 통일 등의 여러 상황을 미리 예정하여 이에 대한 대비책을 강구해야만 한다. 통일 이후 남북한의 법적 지위 변화 가능성을 토대로 해서 인접한 국가와의 영토 문제 등의 대처 방안 역시 미리 준비해야 한다. 냉혹한 국제 사회에서 자주적인 국익을 추구하는 데에는 미리 '준비된' 국가가 앞서 가기 마련이기 때문이다.

1945년 제2차 세계대전의 종료와 '무조건 항복'으로 일본의 폭압적 식민 지배를 벗어난 한국은 외세에 의한 남북 분단과 한국 동란 등으로 인해 오늘도 식민 지배의 역사를 청산하지 못하고 있다. 기본적으로 국제법은 '역사'에 대한 어떠한 제한도 부여하고 있지 않다. 왜곡된 사실일지라도 '역사'에 대한 어떠한 제한도 부여하지 않는다. 왜곡된 사실일지라도 역사 교과서 기술과 지도, 지명의 재정과 사용 등은 원칙적으로 국제법상 개별 국가의 '국내 문제'이며, 자주권에 속하는 사항이다. 그러나 한일 역사 관계의 올바른 정립과 과거사 청산은 미래의 동북아 평화와 발전을 도모하는 데에 필수적인 과정이므로 결코 소홀하게 보아서는 안 된다. 만일 국가적 '자주권'과 역사, 어업권에 대해 느슨하게 대처한다면 돌이킬 수 없는 결과를 초래할 수도 있다. 국가적 '자주권'과 역사, 어업권에 대한 분명한 정립을 미루다가 후일에 다시 정립하는 것은 불가능한 일이며, 뒤늦게 관련자들에게 역사적 책임을 지게 하는 것도 힘들 것이다. '독도는 단순히 조그만 섬에 대한 영유권의 문제가 아니라 일본과의 관계에서 잘못된 역사의 청산과 완전한 주권 확립을 상징하는 문제'이므로 한일 양국과 국민은 '과거사의 올바른 인식과 청산, 주권의 상호 존중이라는 신뢰가 중요'하다. 식민 지배와 전쟁은 인간의 모든 것을 앗아가는 '범죄 행위'이다. 2001년 설립된 국제 형사 재판소(ICC) '로마규정'에서는 식민 지배와 같은 '침략 행위'를 범죄로 규정하고 있다. 이처럼 역사적으로도 정의를 추구해 나아가야 할 것이다. 일관되고 새로운 논리와 계속된 사료 발굴 등을 통해 일본의 무리한 주장을 통제할 수 있는 방어 수단을 형성해야 한다. 뿐만 아니라 한일 양국 간의 발전적인 논리 개발 등을 통해, 남북한과 동북아 세계 평화에 기여할 수 있도록 감정적이고 국수적인 주장을 넘어서는 지속적인 관심과 연구가 필요하다.

사진 제공

이 책에 쓴 모든 사진 자료의 출처·저작권자를 찾고, 정해진 절차에 따라 사용 허락을 받는데 최선을 다했습니다. 아래 내용에서 착오나 누락이 있으면 연락하여 주십시오. 다음 쇄를 찍을 때 꼭 바로잡겠습니다.

(CC BY 2.0) Bryan Dorrough/Flicker 144, 150, 187(中), 199
(CC BY 2.0) irene2005/Flicker 15
(CC BY 2.0) karendotcom127/Flicker 157
(CC BY-SA 2.0) A____ R__/Flicker 146, 152
(CC BY-SA 2.0) Mark & Emma Hambleton & Dolan/Flicker 70(下右)
(CC BY-SA 2.0) pressapochista/Flicker 43
(CC BY-SA 2.0) Steve Cadman/Flicker 77(左)
(CC BY-SA 3.0) Bart0278/Wikipedia 26
(CC BY-SA 3.0) Strobilomyces/Wikipedia 185(上左)
(CC BY-SA-3.0) Rockien/Wikipedia 174
간도신문 108
거북이부부(http://cafe.daum.net/arumdaungangsan/Jnlm/2) 180
국립 문화재 연구소 한국금석문 종합영상정보시스템 27
국사편찬위원회 한국사데이터베이스 67, 113
나각순 34
단풍(http://blog.naver.com/eshs87011/100102991986) 183(左)
동북아역사재단 독도연구소 181
미국 지질조사소 201
연합뉴스 173
원당골샌님(http://blog.daum.net/jinkyo10004/7568094) 139
윤봉택 138
은정환(http://ejh8307.blog.me/80053176140) 148
이후진 179
정일(http://blog.naver.com/jlk63/110093614728) 151, 158
제주도 김기사(http://blog.naver.com/kiho1489/110078011113) 145
㈜지엑스/문화콘텐츠닷컴 185(下), 187(上), 192, 203
해양경찰청/독도바다지킴이 187(下)
NOAA Satellite and Information Service 172